CodeZine BOOKS

Amazon Web Services ではじめる
新米プログラマのための
クラウド超入門

WINGSプロジェクト 阿佐志保 [著]
山田祥寛 [監修]

本書内容に関するお問い合わせについて

このたびは翔泳社の書籍をお買い上げいただき、誠にありがとうございます。弊社では、読者の皆様からのお問い合わせに適切に対応させていただくため、以下のガイドラインへのご協力をお願い致しております。下記項目をお読みいただき、手順に従ってお問い合わせください。

●ご質問される前に

弊社Webサイトの「正誤表」をご参照ください。これまでに判明した正誤や追加情報を掲載しています。

　　　　正誤表　http://www.shoeisha.co.jp/book/errata/

●ご質問方法

弊社Webサイトの「刊行物Q&A」をご利用ください。

　　　　刊行物Q&A　http://www.shoeisha.co.jp/book/qa/

インターネットをご利用でない場合は、FAXまたは郵便にて、下記"翔泳社 愛読者サービスセンター"までお問い合わせください。
電話でのご質問は、お受けしておりません。

●回答について

回答は、ご質問いただいた手段によってご返事申し上げます。ご質問の内容によっては、回答に数日ないしはそれ以上の期間を要する場合があります。

●ご質問に際してのご注意

本書の対象を越えるもの、記述個所を特定されないもの、また読者固有の環境に起因するご質問等にはお答えできませんので、予めご了承ください。

●郵便物送付先およびFAX番号

送付先住所　〒160-0006　東京都新宿区舟町5
FAX番号　03-5362-3818
宛先　　　（株）翔泳社 愛読者サービスセンター

※本書に記載されたURL等は予告なく変更される場合があります。
※本書の出版にあたっては正確な記述につとめましたが、著者や出版社などのいずれも、本書の内容に対してなんらかの保証をするものではなく、内容やサンプルに基づくいかなる運用結果に関してもいっさいの責任を負いません。
※本書に掲載されているサンプルプログラムやスクリプト、および実行結果を記した画面イメージなどは、特定の設定に基づいた環境にて再現される一例です。
※本書に記載されている会社名、製品名はそれぞれ各社の商標および登録商標です。

はじめに

　従来の業務システムでは、自社でデータセンターを構え、オンプレミス環境でウォーターフォール手法を使って開発を進めるのが一般的でした。しかしながら、クラウドサービスの普及により「クラウドファースト」と呼ばれる、クラウドありきのシステム開発スタイルが増えています。クラウドを利用することで、単なるコスト削減だけでなく、開発生産性の飛躍的な向上や先進的な技術を使った新ビジネスへの取り組みなど、数えきれないほどのメリットを享受できるので、今後、この流れが加速することは間違いありません。

　本書は、Amazon Web Services（AWS）を初めて使う人に向けて、業務システムで広く使われているJavaによるWebシステムを構築する手順を、GUIを使って説明した入門書です。

　インフラ構築経験が少ない若手エンジニアを対象に、サーバー構築／ネットワーク技術／セキュリティ／運用などのインフラの基礎概念を図解しています。

　本書の特徴は、オンプレミスで慣れ親しんだアーキテクチャでのシステムを、AWSの基本サービスを使って構築する手順を説明しているところです。

　AWSの基本的な考え方や操作方法に十分に慣れたところで、本格的にクラウドに最適化したシステムを構築して、無理のないクラウド化が進めばよいと考えています。

　業務システムの多くがクラウドに移行すると、それにかかわるエンジニアの働き方も大きく変わるはずです。10年先の未来の世界を創り出す読者のみなさんとともにその一翼を担えると、とてもハッピーです。

　最後になりましたが、タイトなスケジュールの中、多大なるサポートをいただきましたWINGSプロジェクトの山田夫妻、常に筆者の傍らで執筆の邪魔にご尽力いただきました息子のけいたくん、そして執筆中筆者を支え続けてくれた骨盤矯正椅子に、心から感謝いたします。

2016年4月吉日
阿佐 志保

本書を読む前に

■ 対象読者
本書は、次のような方を対象としています。

- コンピューターの基礎知識がある方
- JavaによるWebアプリ開発の基礎知識がある方
- オンプレミスサーバー（物理環境）でのインフラ構築の経験がない方

■ 動作検証環境
本書は、以下の環境で動作を確認しています。

- Windows 8.1 Pro(64ビットオペレーティングシステム x64ベースプロセッサー)
- Intel Core i5-3317U　CPU 1.7GHz
- RAM 4.0GiB
- ブラウザー Google Chrome

■ サンプルプログラムについて
　サンプルソースファイルは、著者サポートサイト「サーバサイド技術の学び舎・WINGS」(http://www.wings.msn.to/) - ［総合FAQ／訂正＆ダウンロード］からダウンロードできます。ダウンロードファイルを解凍後、各章の手順にしたがい、AWS上にデプロイしてください。

CONTENTS 目次

はじめに iii
本書を読む前に iv

1章　クラウドの役割　　1

1.1　システム基盤と従来インフラの問題点　　2

1.1.1　システム基盤とは 3
　　　　NOTE 業務システムで利用される主なサーバー 4
1.1.2　データセンター保有の問題点 5

1.2　クラウドシステムとは　　6

1.2.1　クラウドのサービス体系 8
1.2.2　クラウドは万能か？ 10
　　　　NOTE クラウドファースト 11

1.3　主要なクラウドサービス　　12

1.3.1　Amazon Web Services 12
1.3.2　Microsoft Azure 12

v

- 1.3.3 IBM SoftLayer／Bluemix 15
- 1.3.4 Google Cloud Platform 16
- 1.3.5 さくらのクラウド 17
- 1.3.6 ニフティクラウド 17

1.4 クラウドサービスの活用例　　　　　　　　　　　　18

- 1.4.1 ビッグデータ 18
- 1.4.2 業務システムでのクラウド活用 19
- 1.4.3 モバイルアプリのバックエンド機能 20
- 1.4.4 ディザスタリカバリシステム 21

2章　AWSの基本とアカウント登録　　　23

2.1 Amazon Web Servicesのサービス　　　　　　　　24

- 2.1.1 コンピューティング関連のサービス 24
- 2.1.2 ストレージ＆コンテンツ配信関連のサービス 26
- 2.1.3 データベース関連のサービス 27
- 2.1.4 ネットワーク関連のサービス 28
- 2.1.5 その他のサービス 28

2.2 AWSクラウドデザインパターン　　　　　　　　　33

- 2.2.1 Multi-Serverパターン（サーバーの冗長化）.................... 33
- 2.2.2 Scale Upパターン（サーバーの拡張／縮小）................... 34
- 2.2.3 DB Replicationパターン（データベースの複製）............ 35
- 2.2.4 Functional Firewallパターン（階層別アクセス）............ 35

2.3 AWSのデータセンター　36

2.3.1 リージョン 36
2.3.2 アベイラビリティゾーン (AZ) 37

2.4 AWSアカウント登録と利用開始　38

2.4.1 AWSアカウントの登録 38
2.4.2 AWSの課金と無料利用枠 43

2.5 AWSの開発ツール　44

2.5.1 AWSマネージメントコンソール 44
　　　　NOTE Webマネージメントコンソールのショートカット作成 47
2.5.2 AWSコマンドラインインターフェイス (CLI) 48
2.5.3 ソフトウェア開発キット (SDK) 49
2.5.4 統合開発環境 (IDE) のプラグイン 49

3章　Webサーバーの構築　51

3.1 WebのしくみとHTTP通信の基本　52

3.1.1 Webアプリとは 52
3.1.2 Webサーバーへのリクエストとレスポンス 55
3.1.3 WebサーバーへのアクセスとURLの書式 55
3.1.4 IPアドレスとドメイン名 58
3.1.5 HTTP通信のしくみ 61
　　　　NOTE ウェルノウンポート 64

3.2 S3を使ったWebサイトの構築　　65

- **3.2.1** Amazon Simple Storage Service (Amazon S3) とは 65
- **3.2.2** S3の基本用語 66
- **3.2.3** S3を使ったWebサイト構築 67
  - **NOTE** 機密情報の取り扱い 73

3.3 EC2を使ったWebサーバー構築　　75

- **3.3.1** Amazon Elastic Compute Cloud (Amazon EC2) とは 76
  - **NOTE** サイジングの難しさ 76
- **3.3.2** EC2の基本用語 77
- **3.3.3** EC2インスタンスの起動 78
- **3.3.4** EC2インスタンスの状態確認 88
- **3.3.5** Webサーバーのインストール 91
  - **NOTE** キーファイルの管理 93
  - **NOTE** パッケージ管理システム 94
- **3.3.6** Webコンテンツのアップロードと動作確認 96
  - **NOTE** SCP 97
- **3.3.7** EC2インスタンスの開始／停止／再起動／削除 98

3.4 ELBを使った負荷分散　　100

- **3.4.1** カスタムAMIによるEC2インスタンスの生成 101
- **3.4.2** ELBによる負荷分散システム構築 105
- **3.4.3** ELBの動作確認 112

3.5 Elastic IPを使った独自ドメインでのサイト運用　113

 3.5.1 固定IPアドレス（Elastic IP）の割り当て.................................114
   NOTE Elastic IPアドレスの制限..118
 3.5.2 Route 53によるDNSサーバー設定..118

3.6 CloudFrontを使ったデータ配信　123

 3.6.1 CloudFrontとは...123
 3.6.2 CloudFrontを使ったWebコンテンツ配信................................124

4章　Webアプリケーションサーバーの構築　129

4.1 Webアプリのアーキテクチャーの基本　130

 4.1.1 Webシステムアーキテクチャー..130
 4.1.2 AWSでのWebシステムアーキテクチャー................................133
   NOTE サーバーレスアーキテクチャー..135

4.2 アプリ開発環境の構築　136

 4.2.1 統合開発環境..136
 4.2.2 EclipseとAWS Toolkitのインストール....................................138
 4.2.3 AWS Toolkitの設定..143
   NOTE 認証情報の管理...148

4.3 MySQLによるデータベースサーバー構築　148

 4.3.1 Amazon Relational Database Service（RDS）とは..............149
   NOTE リレーショナルデータベース...150

NOTE ADO.NET 151

NOTE IOPS 152

4.3.2 セキュリティグループの作成 152

4.3.3 パラメータグループの作成 155

NOTE オプショングループとサブネットグループ 158

4.3.4 RDSのインスタンス生成 158

NOTE RDSの無料利用枠 160

4.3.5 データの登録（AWS Toolkitでの実行）................................165

NOTE ER図 165

4.3.6 データの登録（MySQLコマンドラインでのSQL実行）..........167

4.4　TomcatによるWebアプリケーションサーバー構築　169

4.4.1 Apache Tomcatとは？ 170

4.4.2 セキュリティグループの作成 170

4.4.3 EC2のインスタンス起動 172

NOTE AWSマネージメントコンソールからEC2インスタンスを生成する場合 175

4.4.4 Apache Tomcatのインストール 176

4.4.5 JDBCドライバーのインストール 180

NOTE JDBCとは 181

4.4.6 Webアプリのデプロイ 182

4.4.7 Tomcat 8の起動 189

4.4.8 Webアプリの動作確認 191

4.4.9 Webアプリケーションサーバー用AMIの作成 193

5章 ネットワークの構築　　　195

5.1 ネットワークの基礎技術　　　196

5.1.1 ネットワークアドレス ...196
NOTE IPアドレスの枯渇 ...197
NOTE ネットワークアドレス部とホストアドレス部の考え方 ...198
5.1.2 ネットワークプロトコル ...201
5.1.3 ファイアーウォールとルーター ...203

5.2 セキュリティグループによるパケットフィルタリング 206

5.2.1 セキュリティグループとは ...206
5.2.2 セキュリティポリシーの検討 ...207
NOTE ファイアーウォールの設定 ...209
5.2.3 EC2セキュリティグループの修正手順 ...209
5.2.4 RDSセキュリティグループの修正手順 ...212
5.2.5 セキュリティ設定の動作確認 ...215

5.3 VPCによる仮想ネットワーク構築　　　217

5.3.1 Amazon VPCとは ...217
5.3.2 ネットワーク構成の検討 ...218
5.3.3 仮想ネットワーク (VPC) の作成 ...220
5.3.4 仮想ルーター (インターネットゲートウェイ) の作成 ...226
5.3.5 ファイアーウォール (セキュリティグループ) の作成 ...230
5.3.6 サーバー (インスタンス) の作成 ...233
5.3.7 ロードバランサーの作成 ...235
5.3.8 メンテナンスのためのネットワーク構成 ...241
5.3.9 メンテナンス環境の動作確認 ...252

6章 AWSのセキュリティ　　261

6.1 セキュリティの基礎　　262

6.1.1 セキュリティとは　　262
NOTE Webアプリに対する代表的な攻撃　　263
6.1.2 物理的なセキュリティ対策　　264
6.1.3 アカウント管理　　265
6.1.4 データの暗号化　　266
6.1.5 ユーザー教育　　268
6.1.6 セキュリティ監査　　269
NOTE 第三者認証について　　270
6.1.7 AWSの共有責任モデル　　271

6.2 IAMによるユーザーアカウント管理　　272

6.2.1 IAMとは　　272
6.2.2 AWSのユーザーアカウント　　272
6.2.3 多要素認証（MFA）の設定　　274
NOTE ワンタイムパスワード　　274
6.2.4 IAMアカウントの作成　　283
6.2.5 IAMグループの作成　　290
6.2.6 パスワードポリシーの設定　　294

6.3 データの暗号化　　295

6.3.1 EC2インスタンスへのSSH接続　　295
NOTE キーペアのインポート　　297
6.3.2 S3のデータ暗号化　　299
6.3.3 RDSのデータ暗号化　　300

7章 システム運用　303

7.1 システム運用の基礎　304

NOTE SLA 305
7.1.1 キャパシティ管理 305
7.1.2 可用性管理 306
7.1.3 構成管理／変更管理 309
7.1.4 サービス運用 312
　　　　NOTE 統合運用管理ツール 313

7.2 CloudWatchによる監視　316

7.2.1 CloudWatchとは 316
7.2.2 EC2インスタンスのリアルタイム監視 317

7.3 CloudFormationによる構成管理　326

7.3.1 CloudFormationとは 326
　　　　NOTE AWSによる構成管理 327
7.3.2 WordPress環境の自動構成 328

7.4 データのバックアップとリストア　334

7.4.1 EC2のデータバックアップとリストア 334
7.4.2 RDSのデータバックアップとリストア 338

7.5 課金管理　341

7.5.1 利用料金の確認 341

8章 Dockerコンテナー実行環境の構築　343

8.1 Dockerとは　344

8.1.1 Dockerとは...344
NOTE ソフトウェアの移植性（ポータビリティ）.....................................345
8.1.2 仮想化技術とは...346
NOTE ソフトウェアの相互接続性（インターオペラビリティ）..............348
8.1.3 Dockerの機能...349

8.2 Dockerのインストール　351

8.2.1 Dockerの提供するコンポーネント...351
NOTE Docker for Windows ／ Mac...353
8.2.2 Windowsクライアントへのインストール...............................353
8.2.3 Dockerで"Hello world"...356

8.3 Dockerイメージの作成　358

8.3.1 Dockerfileとは...358
8.3.2 Dockerfileの作成...360
NOTE 参照実装とは...361
8.3.3 DockerfileからのDockerイメージの作成...........................364

8.4 Dockerイメージの公開　365

8.4.1 Docker Hubのアカウント登録..365
8.4.2 Docker Hubへの公開...367
NOTE DockerでJavaを実行する時の注意.......................................367

8.5　AWSでのDockerコンテナー実行　368

- **8.5.1**　EC2を使う方法 368
- **8.5.2**　ECSを使う方法 369
- **8.5.3**　Elastic Beanstalkを使う方法..369

8.6　EC2でのDocker実行環境の構築　370

- **8.6.1**　EC2へのDockerインストール..370
  - **NOTE** コマンドでDockerの実行環境を構築するには.........................371
- **8.6.2**　Dockerコンテナーの実行..372
- **8.6.3**　Dockerコンテナーの基本操作 373

8.7　EC2 Container ServiceによるDocker実行環境の構築　375

- **8.7.1**　EC2 Container Serviceとは 375
- **8.7.2**　Dockerクラスタの構築 377
- **8.7.3**　Dockerクラスタの運用 382

索引 385
著者紹介..399

1章

クラウドの役割

　クラウドという言葉が世の中に出てきて、ずいぶん経ちました。今日では、さまざまなシステムがクラウド上で稼働しています。
　クラウドが登場したころは、クラウドに積極的な企業やゲームやソーシャル系などのシステムでの利用が中心でした。しかし、現在ではクラウドの多大なるメリットを活用するため、一般企業でも積極的に採用が進んでいます。
　クラウドファーストという言葉に代表されるように、情報系システムだけでなく基幹業務系システムでも、クラウドを使って新しい価値やサービスを提供している企業が増えています。クラウドは、単なる技術要素ではなく、これまでの業務システム開発のしかたそのものや、これからのエンジニアが持つべきスキルセットを大きく変えるパラダイムシフトを起こすものでもあります。
　本章では、AWSを業務システムで利用するにあたり、基礎知識として知っておきたいクラウドの概要を解説します。

1.1　システム基盤と従来インフラの問題点

　将来システムを作る仕事をしたいという学生の方に、「システムを作る仕事ってどんなことだと思う？」と聞くと、ほとんどは次のような答えが返ってきます。

- Androidなどのアプリをプログラミングする仕事
- ブラウザーで動くWebアプリをプログラミングする仕事

　つまり、その分かりやすさから、「システムインテグレーション業務（SI業務）＝プログラミング」というイメージがあるのです。
　一方、実際の業務システム開発の現場で考えてみると、たとえば、ある会社の営業マンが顧客にセールスするのを支援したり、会社に営業日報を報告したりするシステムを考えた時、以下のような要件があがります。

- 月末／期末の売上集計を自動でできるようにしてほしい
- タブレットで分かりやすい見積もりを顧客に表示してその場で商談を成立させたい
- 営業日報はパソコンやタブレットからいつでも提出できるようにしてほしい
- 顧客情報や売上情報などの機密情報は漏えいすると困る
- 営業活動に支障が出るので、停止時間は休日深夜の30分以内にしてほしい
- お客さんに見せるアプリ画面は遅くとも1秒以内に表示してほしい

　この中で、プログラミングで実現できることは、以下の2つだけです。

- 月末／期末の売上集計を自動でできるようにしてほしい
- タブレットで分かりやすい見積もりを顧客に表示してその場で商談を成立させたい

　残りの項目は、プログラミングだけでは実現できません。
　日報報告を行うためにはセキュアなネットワークを敷設／構築する必要がありますし、データの保存については、防犯／災害などにも耐えられる安全な場所を確保する必要があります。また、システムの停止時間が決まっているのであれば、もしサーバーやネットワークに障害が発生した時に、技術者がすぐに対処で

きるような運用方法を考えなければいけません。

そもそも、万が一どこかで障害が発生しても、システムを継続できるようなサーバー構成を考えたり、お客さんが求める性能が出るように、予算に応じてネットワークやサーバーのスペックを選んだりする必要があります。これらの要件をまとめて**非機能要件**と呼びます。

一般的に、システムに求められる要件は、次の2つに大別できます。

- **機能要件（functional requirement）**
  システムの機能として求められる要件。システムやソフトウェアで何ができるのかをまとめたもので、プログラミングで解決することが多い。

- **非機能要件（non-functional requirement）**
  システムの性能や信頼性／拡張性／保守性セキュリティなどの要件。機能要件以外の要件を指す。

非機能要件を満たすためには、プログラミングの知識だけではなく、システム基盤の知識が必要です。

1.1.1　システム基盤とは

JavaやPHPなどを使ってWebアプリを開発するには、まず開発マシンが必要です。OSをインストールした開発マシンに、統合開発環境（IDE）やアプリケーションサーバー／データベースサーバーをインストールします。短時間で作りたい時は、フレームワークや各種ライブラリなどを導入することも多いでしょう。

では、開発したWebアプリを本番環境にリリースして、一般公開するにはどうすればよいでしょうか？

まず、サーバーやネットワークを構築し、それらにOSやミドルウェアを導入して設定する必要があります。Webアプリには、昼夜を問わずリクエストが送信されるため、万が一サーバーやネットワーク障害が発生した時にも、システムを停止させないような構成を考えなければいけません。

このように、作成したアプリをユーザーが24時間365日利用できるようにするための環境を下支えする技術要素を、**システム基盤**と呼びます。

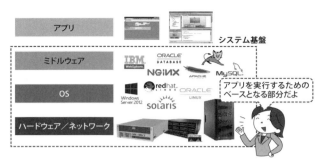

システム基盤とは

　システム基盤には、ネットワークや空調などのインフラに加えて、アプリケーションサーバー／データベースサーバー／監視サーバーなどのサーバー群が含まれます。

　これらのシステム基盤は**データセンター**という場所に配置し、運用しています。データセンターは、空調や電力供給が安定しているのはもちろん、地震などの自然災害や火災などの被害を受けにくいように、立地や構造に配慮されています。また、入退出にも厳重なセキュリティ管理をしており、人的な故意の事故を、未然に防ぐしくみをとっています。

　また、システム基盤を運用するためには、サーバー群にインストールされているOSやミドルウェア、開発したアプリのバージョンを適切に管理する必要があります。また、ハードウェアの障害やCPU使用率、ディスク空き容量などのリソース低下を検知し、異常があればすぐに対処できるようなしくみや体制を整える必要があります。

　さらに、インターネットなど外部ネットワークと接続する場合は、サーバーのセキュリティパッチなどが最新かどうかを管理するだけでなく、各種ログなどを収集し、不正なアクセスがないかを監視することも大切です。

 業務システムで利用される主なサーバー

　業務システムは、さまざまなサーバーを連携して動かしています。サーバーは、その役割に応じてやるべき仕事が決まっています。会計システムや経理システムなどのサービス自体を提供するサーバーだけでなく、監視サーバーやログ集約サーバーなどシステム全体を動かすために必要なものもあります。ここでは、業務システムでよく使われているサーバーをかんたんに紹介します。

業務システムでの主なサーバー

サーバーの種類	説明
アプリケーションサーバー	業務システムを動かすためのサーバー。リクエストを受け付け、処理を行い、結果を応答する役目がある
HTTPサーバー	主に情報発信などで利用するサーバー。企業のホームページなどで利用される
データベースサーバー	業務システムで発生したデータを管理するサーバー
メールサーバー	Eメールを転送するサーバー。SMTPプロトコルを使ってメールを転送するため、SMTPサーバーと呼ばれることもある
DNSサーバー	ドメイン名とIPアドレスを変換するサーバー
DHCPサーバー	社内のクライアントPCにIPアドレスを自動的に付与するサーバー
グループウェアサーバー	社内で利用するグループウェア機能を提供するサーバー
プロキシサーバー	社内ネットワークから外部ネットワークに接続する時に、代理で接続するサーバー。逆に外部から社内に接続するサーバーはリバースプロキシサーバーと呼ばれる
NATサーバー	外部ネットワークと接続する時にアドレス変換をするサーバー
統合監視サーバー	サーバー群の稼働状況やジョブの実行などを制御するサーバー
統合認証サーバー	ユーザー認証を行うサーバー。利用者の権限によるアクセスコントロールを一元管理する役割もある

他にも、業務システムでよくある夜間バッチ処理を担うサーバーや、他システムと連携するためのデータ伝送用サーバーなどが必要な場合もあります。

1.1.2　データセンター保有の問題点

これらのデータセンターを企業が保有すると、多額の建設費用がかかるだけでなく、維持管理するために莫大な運用費がかかります。

たとえば、サーバーや空調を動かすための電気代、ネットワークの通信料、サーバーの保守費用、インフラエンジニア／運用エンジニアの人件費などです。これらの多くは、システム利用の多寡にかかわらず、決まった額の費用（固定費）がかかり、企業にとって、経営を圧迫する要因の一つにもなります。

また、企業の多くは、データセンターに設置したサーバーのリソースをフル活用できているわけではありません。

具体的に説明するため、銀行でのお金の預け入れを行うシステムを例に考えます。一般企業の多くは、五十日と呼ばれている5で割り切れる日、および月末日に決済を行います。そのため、25日や30日は多くの企業の給料日が重なり、ATMが長蛇の列で混雑しますが、28日や29日などは比較的空いています。

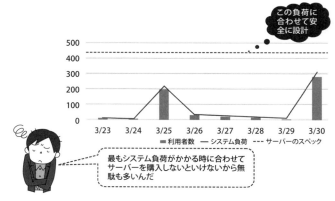

自社のデータセンターでのシステム利用者とシステム負荷の例

銀行にとって基幹業務システムであるATMの停止は、大変なダメージになります。そのため、たとえリソースに無駄な日があっても、ピーク時の負荷に耐えうるシステム基盤を用意する必要があります。

このように、企業はシステムを**保有**するかたちで長年運用してきましたが、経営者の多くは、もっと効率よくシステムを**利用**できないかと考えるようになりました。

1.2　クラウドシステムとは

「システムを**保有**するのではなく、必要に応じてシステムを**利用**できないか」という要望に応じて出てきたシステムの利用形態の一つが、**クラウドシステム**です。

クラウドとは、ネットワーク上にあるさまざまなサービスを、必要に応じて利用するシステム形態のことを指します。クラウドは、システム構築に必要なネットワーク／サーバー／ストレージ／アプリを**サービス**として提供します。これらのシステム資源は、ネットワークを介して共有され、必要な時に必要な量だけ利用できます。

ここで、企業システムのシステム構成を理解するうえで、重要な3つの形態について整理します。

- **オンプレミス(on-premises)**

　企業システムでこれまで多く採用されてきた、自社でデータセンターを保有してシステム構築から運用までを行う形態を**オンプレミス**と呼びます。メインフレームの時代からWebシステムに至るまで、数多くの企業で採用されてきたシステムの利用形態です。

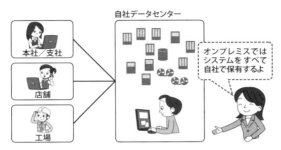

オンプレミスとは

- **パブリッククラウド(public cloud)**

　インターネットを介して不特定多数に提供されるクラウドサービスです。データセンターを保有しないので、初期投資が不要です。利用したいサービスを選んで、利用した分だけ料金を支払うシステム形態をとります。提供するサービスによって、**IaaS / PaaS / SaaS**(後述)などがあります。

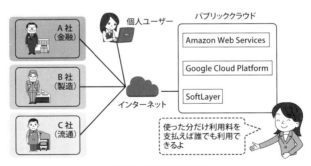

パブリッククラウドとは

- **プライベートクラウド(private cloud)**

　特定の企業グループだけに提供されるクラウドサービスです。たとえばグループ企業内などでデータセンターを共同保有するようなイメージです。パブリック

クラウドが、不特定多数に対して提供されているのに対して、利用者を限定できるので、セキュリティを確保しやすかったり、独自の機能やサービスを追加しやすかったりします。オンプレミスとパブリッククラウドの中間にあるような位置付けです。

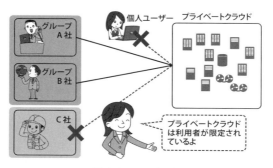

プライベートクラウドとは

1.2.1　クラウドのサービス体系

クラウドが提供する代表的なサービスは、その提供するサービスレイヤーごとに次のようなものがあります。

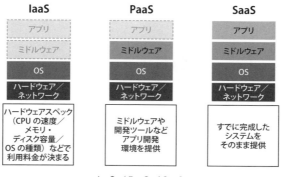

IaaS／PaaS／SaaS

- **IaaS（Infrastructure as a Service）**

　　サーバーやOS、ネットワークなどを提供するサービスです。データを保存する領域も提供します。サーバーのスペック／データ容量だけでなく、信頼性／可用性などによって利用料金が決まります。システムの要件に応じてこれらのサー

ビスを選んで、組み合わせて利用できます。

- **PaaS（Platform as a Service）**
  ハードウェアに加えて、開発環境などのミドルウェアをまとめて提供します。開発に必要なライブラリはもちろん、本番環境へのデプロイからサーバーの監視を自動で行う機能まで提供しているものもあります。このサービスを利用すると、開発者はプログラミングに注力できるのが特徴です。

- **SaaS（Software as a Service）**
  すでに出来上がった機能をサービスとして提供します。クラウドベンダーが提供するシステムをWeb経由でそのまま利用します。ユーザーはシステムを一から開発する必要がないので、要件に合致するサービスがあれば、システム構築に必要な時間が劇的に短くなるのが特徴です。

この他にも、企業システムで利用するクライアント端末の機能を提供する**DaaS（Desktop as a Service）**なども大きな注目を集めています。

クラウドを導入することで、以下のようなメリットが期待できます。

- 企業はシステムを資産として持たないため、初期投資を抑えられる
- すでにあるシステムを利用するため、システム構築にかかる時間が劇的に短くなる
- システムの負荷に応じてサーバーのスペックや構成を変更できるため、無駄なくリソースを利用できる

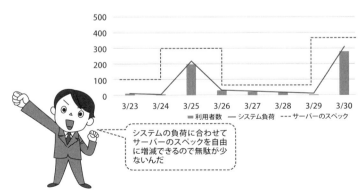

クラウドシステムでのシステムの利用者や負荷に応じたサーバースペックの例

1.2.2　クラウドは万能か？

　以上のようなメリットの反面、クラウドの利用にはデメリットもあります。ここでは、クラウドに向いていないケースをいくつか紹介します。

- **非常に高い可用性が求められる場合**

　システムの可用性は、クラウドベンダーが保障しています。たとえ99.9％の可用性であっても、ネットワークの瞬断が許されないシステムでは本番運用できません。

- **保存場所を明確にしないといけないデータを扱う場合**

　データの厳密な保存場所は、クラウドベンダーが決めます。たとえばAWSの場合、データセンターの所在地は非公開で、クラウドを利用するユーザーはデータの保管場所を知ることができません。そのため、物理的な保管場所を明確にする必要のあるデータは、クラウド上には保管できません。

- **特殊な要件がある場合**

　汎用的ではないデバイスや特殊なプラットフォームでしか動かないシステムを構築／移行する必要がある場合、クラウドベンダーが対応していなければ利用できません。

- **トータルコストが高くなる場合**

　長期間に亘って多くのユーザーが頻繁に使うシステムでは、ユーザーごとにシステム利用が課金される場合、トータルとしてシステム投資が高くなってしまう場合があります。その時は、初期投資が多少かかっても、オンプレミスで構築した方が経済的です。

　既存システムからの移行を考える時は、どのシステムをオンプレミスで残し、どのシステムをクラウドに移行するかを、見極める目が重要です。同様に、新システムの導入を考える時にも、オンプレミスとクラウドではどちらが適しているのかをよく検討してください。

クラウドファースト

クラウドファーストとは、システムの設計や移行の時にクラウドサービスの採用を第一に検討する方針のことです。

業務システムをクラウド上に構築すると、サーバーやネットワーク設備などのシステム基盤を構築／運用する必要がなくなります。また、システム運用費の大部分を利用量に応じて支払うため、初期投資を抑え、システムリリースまでの期間を短縮できます。そのため、サーバー構築や運用などの専門スキルを持ったエンジニアや、高度なセキュリティの知識を有するエンジニアがいなくても、システム構築や運用が可能です。このクラウドファーストの考え方は、これからのシステム開発の主流になっていくでしょう。

ただし、企業システム全部をクラウドで運用するのは適していない場合もあります。その場合は、クラウドとオンプレミスの混在環境で、システムを運用しなければならなくなることも考えられます。複数の技術要素が混在していたり、他システムとの連携があるインフラ基盤の構築／運用は難易度が高く、豊富な経験や高度な知識を持つインフラエンジニアが必要になってくるのはいうまでもありません。

一般的に、インフラエンジニアには、単に知識だけでなく、ある程度の経験や、本番環境での障害対応など、短時間で最適解を判断する能力なども要求されるため、教育に時間がかかるものです。さらに、クラウドによってボタンクリックでサーバー構築ができる時代になりました。そのため、ボタンクリックの裏でどのような処理が動いているのか、どのような技術が使われているのかなどが見えづらく、若手の優秀なエンジニアがインフラ技術そのものに興味を持つ機会も減っています。

これらのことをふまえ、システム全体を俯瞰的に考えて、インフラ設計／構築していくことが重要です。

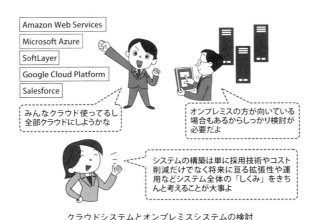

クラウドシステムとオンプレミスシステムの検討

1.3　主要なクラウドサービス

ここでは、業務システムで利用実績がある代表的なクラウドサービスを説明します。

ミッションクリティカルなシステムにも適した世界規模のクラウドサービスや、機能を限定し、利用者の使い勝手を追求した中小規模向けのクラウドサービスなど、クラウドと言ってもさまざまなサービスがあるので、AWSの利用を始めるうえで一通り知っておくとよいでしょう。

1.3.1　Amazon Web Services

Amazon Web Services（AWS）は、米Amazon社が提供する世界最大のクラウドサービスで、2002年からサービスを開始しています。東京にもデータセンターがあり、大規模エンタープライズシステムや基幹業務システムでの実績が数多くあります。

Gartner社によるクラウド調査結果「2015 Magic Quadrant for Cloud Infrastructure as a Service, Worldwide」では、AWSを「リーダークアドラント」に位置付け、サービスの品質と豊富さにおいて他社クラウドを大きく引き離していると評価しました。

> **URL** 2015 Magic Quadrant for Cloud Infrastructure as a Service, Worldwideの詳細
> https://aws.amazon.com/jp/resources/gartner-2015-mq-learn-more/

2016年4月時点には北アメリカ／南アメリカ／ヨーロッパ／中東／アフリカ／アジアパシフィックに、12つのリージョン（データセンターの集合）と33のアベイラビリティーゾーン（データセンター）が運用されており、加えて、5つのリージョンと10のアベイラビリティーゾーンが増える予定です。

AWSが提供するサービスの詳細については第2章で説明しますが、新サービスの提供や、既存サービスの機能追加も頻繁に行われています。そのため、日々更新されるAWSに関する情報を効率よく収集することが重要です。

1.3.2　Microsoft Azure

Microsoft Azureは、米Microsoftが提供するパブリッククラウドサービスで、全世界で2010年からサービスを開始しています。現行の企業システムで多く使わ

れているMicrosoft技術との親和性が高いのが特徴です。Windowsや.NETだけでなく、JavaやPHP / Node.js / PythonやLinuxなどオープンなプラットフォームを採用することもできます。Microsoft Azureは、ブラウザーベースのポータルが分かりやすく、導入しやすいのも特徴です。

Microsoft Azureのポータル画面

URL Azure公式サイト
https://azure.microsoft.com/ja-jp/

Microsoft Azureは、次の4つの基本機能を軸にした、複数のサービスから成ります。

- **コンピューティング（Computing）**
  仮想サーバー機能を提供する「Virtual Machines」やWebアプリの実行環境を提供する「Web Apps」、iOS / Android / Windows / Windows Phoneなど、さまざまなプラットフォームが利用するバックエンドサーバー機能を提供する「Mobile Apps」、大規模な並列および高負荷アプリを実行するための「Azure Batch」などのサービスがあります。

- **データサービス（Data Service）**
  データをAPIで操作できる「Storage」やSQL ServerをベースとしたRDBMSを提供する「SQL Database」、分散型のオンメモリキャッシュサービスである「Cache」、ドキュメント指向のNoSQLデータベース「DocumentDB」などのサービスがあります。

- **アプリケーションサービス（Application Service）**

    分散データ処理でHadoopを利用できるサービス「HDInsight」、機械学習を行うサービスである「Machine Learning」、ストリーミングデータをリアルタイムで分析／処理し、出力する「Stream Analytics」、Active Directoryでアクセス管理やシングルサインオンを行う認証基盤である「Active Directory」などのサービスがあります。

- **ネットワークサービス（Network Service）**

    Azure内部で仮想ネットワークを提供する「Virtual Network」、Azureのデータセンターと利用者のオンプレミス環境にプライベートな接続を作成できる「ExpressRoute」、負荷分散やWebアプリを冗長化する「Traffic Manager」などのサービスがあります。

Microsoft Azureは、リージョンと呼ばれるデータセンターが世界各国にあります。このリージョンで、さまざまなサービスを提供しています。

出典：https://azure.microsoft.com/ja-jp/regions/
https://acom.azurecomcdn.net/80C57D/cdn/cvt-4ced24c232bc8055d5017eeeeb0b7e46eed87626021d7b101aea83ff3f056a5b/images/page/regions/map.png

Microsoft Azureのリージョン

日本国内では、東日本リージョンと西日本リージョンの2つのデータセンターが開設されています。そのため、大規模な地震など自然災害対策のためのディザスタリカバリシステムを、国内に構築できるのが大きな特徴です（1.4.4項）。

1.3.3　IBM SoftLayer ／ Bluemix

　SoftLayerは、米IBMが提供するIaaSサービスです。もともと2005年に設立されたテキサス州ダラスのSoftLayer Technologies社で提供されていたクラウドサービスを、2013年にIBMが買収しました。仮想サーバー機能だけでなく、より強固なセキュリティ対策ができる**ベアメタルサーバー**（物理サーバー）を利用できるのが特徴です。そのため、オンプレミスからの移行が難しいシステムでも、高い安全性を確保したシステムを構築できます。

> URL　SoftLayer公式
> http://www.ibm.com/cloud-computing/jp/ja/softlayer.html

　現在、以下の場所にデータセンターを持っていて、2014年に東京にデータセンターも開設されました。

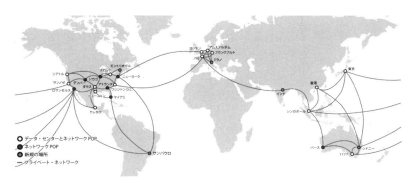

出典：http://www.softlayer.com/jp/data-centers?cm_mc_uid=29238132507014563997165&cm_mc_sid_50200000=1456884004&cmp=xlink&ct=japancloud&cr=jp_s_cmp&cm=s

SoftLayerのデータセンターの場所

　Bluemixは、米IBMが提供するPaaSサービスです。開発環境や実行環境を構築することなく、Webアプリやモバイルアプリを開発できます。Java ／ Node.js ／ PHP ／ Python ／ Rubyなどの言語での開発をサポートしており、IoT（Internet of Things）でのセンサープログラミングに利用できるプラットフォームなどが豊富に提供されているのが特徴です。

　さらに、パブリックサービスが利用できない、大規模でミッションクリティカルなシステムの開発を容易にする「Bluemix Dedicated」と「Bluemix Local」の2つの機能があるのも特徴です。

Bluemix Dedicatedは、SoftLayer上の専用環境での開発を行うプライベートクラウドサービスです。VPN接続やLDAPを利用することで、自社環境と同じように開発を進めることができます。また、アプリの実行環境をクラウドサービスとしてIBMが管理するため、システム企画やアプリ開発に専念できます。

Bluemix Localは、Bluemixを利用者のオンプレミス環境で利用できるサービスです。Bluemix Dedicatedと同様に、アプリ実行環境をIBMがリモートで管理するため、よりセキュアな環境でPaaSを構築できます。

URL Bluemix公式
http://www.ibm.com/cloud-computing/jp/ja/bluemix/

1.3.4 Google Cloud Platform

Google Cloud Platform（GCP）は、Google社が提供する、パブリックIaaS／PaaSサービスです。北アメリカ／ヨーロッパ／アジアの3つの拠点にデータセンターを持ちます。検索エンジン最大手であるGoogleの技術を使ったクラウドプラットフォームで、大規模なデータを高速に扱うためのサービスや機能が豊富に提供されています。2016年に、東アジアリージョン（東京リージョン）が開設される予定です。

URL Google Cloud Platform公式
https://cloud.google.com/

Google Cloud Platformは、次の6つの基本機能を軸にした、複数のサービスから成ります。

- コンピューティング

    仮想サーバー機能である「Compute Engine」、アプリの実行環境を提供するPaaSサービスである「App Engine」、Dockerコンテナー（8.1節）を運用するための「Container Engine」などのサービスがあります。

- ストレージ

    さまざまなデータを保存するための「Cloud Storage」、MySQLの運用管理を行う「Cloud SQL」、NoSQLデータベースである「Cloud Bigtable」などのサービスがあります。

- **ネットワーク**

  Googleとオンプレミス環境のネットワークを、VPNなどを使って直接接続するサービスである「Cloud Networking」があります。

- **ビッグデータ**

  ビッグデータをクラウド上で分析する「BigQuery」、バッチやストリームデータを処理するリアルタイムデータプロセッシングサービス「Cloud Dataflow」、分散環境基盤であるApache SparkやApache Hadoopの管理サービス「Cloud Dataproc」などがあります。

- **サービス**

  翻訳サービスである「Translate API」、機械学習アルゴリズムのRESTfulインターフェイスである「Prediction API」、iOS／Android／JavaScriptクライアントからアクセスできるRESTfulサービスを作成する「Cloud Endpoints」などがあります。

- **管理**

  Google Compute EngineやGoogle App Engineのログをまとめる「Cloud Logging」などがあります。

1.3.5　さくらのクラウド

さくらのクラウドは、さくらインターネット社が提供する、低価格なIaaSサービスです。国内で展開するクラウドサービスであるため、ドキュメントや情報も日本語で提供され、Webブラウザーから操作できる管理コンソールもすべて日本語となっていることから、学習コストが低いのが特徴です。

前述のAWS／Azure／SoftLayer／GCPに比べると、サービスやデータセンターの数は少ないですが、北海道の石狩と東京にデータセンターを持つため、マルチリージョンでの運用ができます。

URL さくらのクラウド公式
http://cloud.sakura.ad.jp/

1.3.6　ニフティクラウド

ニフティクラウドは、インターネットサービスである@niftyのインフラ基盤をベースにしたパブリッククラウドサービスです。IaaSの機能に加え、データベー

スの管理機能である「RDS」、DNSサーバーの管理機能である「DNS」、メール配信の機能である「ESS」など、業務システムで利用する基本的な機能が提供されています。ニフティクラウドは、東日本／西日本に加えて、北アメリカにもデータセンターを持っています。そのため、さくらのクラウド同様に、マルチリージョンでの運用ができます。

> **URL** ニフティクラウド公式
> http://cloud.nifty.com/

また、スマートフォンアプリのバックエンド機能が開発不要になるmBaaSであるクラウドサービス「mobile backend」も提供しています。

mBaaS（Mobile Backend as a Service）とは、スマートフォンアプリでよく利用されるプッシュ通知機能やユーザー認証機能、簡易データベース機能、位置情報検索などを提供するサービスです。クラウド上に用意された機能をAPIで呼び出すだけで利用できます。そのため、サーバー構築／運用などの手間をかけずに、バックエンド機能をモバイルアプリに実装できます。

> **URL** ニフティクラウド mobile backend公式
> http://mb.cloud.nifty.com/

1.4　クラウドサービスの活用例

前節のとおり、クラウドサービスには、用途や目的に応じてさまざまな種類があります。これらをうまく組み合わせることで、短時間で安価にシステムを構築できます。すでに国内の業務システムでは、クラウドサービスを利用してシステムを構築／運用している例が数多くあります。ここでは、クラウドサービスの代表的な利用例について説明します。

1.4.1　ビッグデータ

顧客の行動履歴、交通モニタリングデータ、金融オンライン取引、医療データ、あるいは、ブログ／SNSなどで発信されたデータは日々刻々と生成される時系列性のあるデータです。これらの膨大なデータには、文章／画像／音声／動画／位置情報などが含まれ、データベースに蓄積された定型化されたデータだけでなく、非構造化データや非定型データも数多く含まれます。これらの大量データ

をビッグデータと呼びます。

　ビッグデータに含まれる情報を解析することで、人間にとって役に立つ情報を得たり、過去のデータから未来を予測したりすることが可能になります。ビッグデータをサーバーで取り扱うには、大量のデータを保管し、情報分析で数学的な演算を行うことになるため、リソースが豊富でハイスペックなコンピューターが必要です。

　ビッグデータはその性質上、研究開発や新技術の開発などに利用されることが多くなります。安定した収益が見込める既存事業と異なり、研究開発では失敗するリスクも高いため、自社のオンプレミス環境で超高性能コンピューターを保有することは、事業投資の観点からもあまり効率的ではありません。

　そこで、ビッグデータをクラウド上で保管し、ハイスペックなコンピューターリソースを時間単位で利用することで、分析処理などを手軽に行えます。

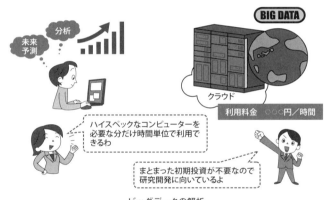

ビッグデータの解析

1.4.2　業務システムでのクラウド活用

　企業内には、鉄道会社の運行管理システムや流通業のPOSシステムのような基幹業務システムや、グループウェア、メールシステム、ファイル共有システムのような情報系システムなど、さまざまなシステムがあります。

　旧来、このようなシステムは、自社が保有するデータセンターで構築され、自社のシステム管理者によって運用されていました。しかしながら、これらの業務システムを、クラウドサービスを使って構築する企業が増えています。

　また、新規の開発案件では、「クラウドを利用してシステムを開発／構築する」という方針のもと、アプリやインフラのアーキテクチャーを決めて、開発／構築

を進めることも増えています。このような設計思想を**クラウドファースト**と呼びます。

クラウドサービスでは、業務システムを開発／構築するために必要な、さまざまなサービスが提供されています。これらをうまく組み合わせることで、システム利用者の利便性を向上させたり、システム全体の可用性を大きく向上させたりできます。

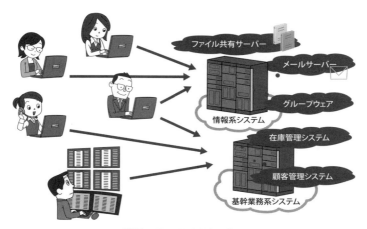

業務システムでのクラウド利用

1.4.3 モバイルアプリのバックエンド機能

ゲームやコンテンツ配信などのコンシューマー向けアプリだけでなく、業務システムでも、スマートフォンやタブレットなどのモバイル端末でさまざまなサービスを提供するケースがあります。最近では、パソコン向けではなくモバイル端末向けを優先して開発を進める**モバイルファースト**という流れも増えています。

モバイルアプリの開発では、利用者の利便性や操作性を高めるためにフロントエンド開発が重要です。また、デバイスごとに異なるプラットフォームでのアプリの実装と保守が必要です。そのため、モバイルアプリで利用するアカウント管理やデータ保存機能、プッシュ通知機能などのバックエンド機能を、クラウドサービスに委ねることで、インフラ構築や運用の負荷を大きく低減できます。

また、ゲームなどのコンシューマー向けアプリの場合、急激な負荷増大にバックエンドサーバーが即時に対応できなければなりません。オンプレミス環境でこれらのバックエンド機能を構築／運用する時、物理サーバーの増強やネットワー

ク帯域を増やすための回線工事が必要です。しかし、クラウドサービスを利用すると、トラフィックに合わせてサーバーインスタンスをオートスケールできるので、システムのボトルネックによるビジネスの機会損失を減らせます。

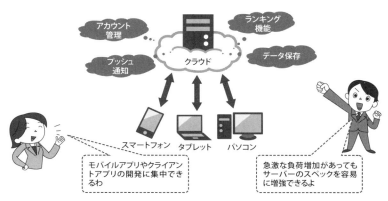

モバイルアプリのバックエンドでの利用

1.4.4　ディザスタリカバリシステム

　自然災害などで被害を受けたシステムを復旧／修復することを**ディザスタリカバリ**といいます。ディザスタリカバリでは、システムを災害から守るだけでなく、もし壊れてしまっても効率よく復旧するために予備の機器の準備や、復旧にかかる体制をあらかじめ決めておくことが重要です。

　大規模なシステムをオンプレミス環境で持つ企業では、ディザスタリカバリシステムを構築する時、メインとなるデータセンターとは別に、遠隔地にバックアップサイトを持ち、運用管理しています。これは、データセンターを二重に持つことになるため、莫大なコストがかかります。

　データセンターを二重化する余裕がない企業は、バックアップデータを定期的に他の地域の営業所などに保管して運用したり、ディザスタリカバリが重要なことを認識しつつも、十分な対策を取れていない場合なども考えられます。

　災害はいつ発生するかわかりません。そのため、発生の頻度や発生した時のリスクなどに応じて、システム対策を講じることが重要です。また、災害時はシステム復旧にかかる人員を十分に確保できない恐れもあります。世界中にデータセンターを持つクラウドサービスを利用して、ディザスタリカバリシステムを検討するとよいでしょう。

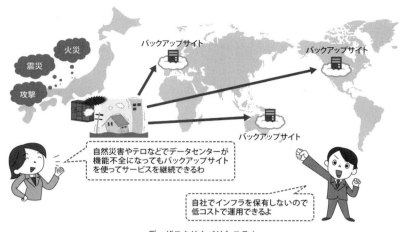

ディザスタリカバリシステム

ディザスタリカバリシステムを構築する時は、次の2点を決めておくことが重要です。

- **RTO（recovery time objective）**

    災害による企業システムの停止から、サービスが復旧するまでに必要となる時間のことです。これが短ければ短いほど、システム停止が業務に与える影響は少なくなります。目標復旧時間ともいいます。たとえば「災害発生から72時間で復旧させる」などが目標になります。

- **RPO（recovery point objective）**

    災害でシステムが停止した時に、ある時点までさかのぼってデータを復旧させますが、その時点をリカバリポイントといいます。リカバリポイントと停止までの時間が短ければ短いほど、システム停止で損失するデータが少なくなります。RPOはリカバリポイント目標ともいいます。たとえば、毎日バックアップを取得しているシステムでは、「災害発生の前日のデータまで復旧できる」などが目標になります。目標値が高ければ、システムの可用性は上がる半面、その分、対策にかかる費用も高くなります。

2章

AWSの基本とアカウント登録

「AWSを使ってシステムを開発／構築する」と一言で言っても、提供しているサービスやドキュメントの数は膨大で、世界最大規模と言っても過言ではありません。そのような巨大なクラウドサービスであるがゆえ、特にクラウド初心者にとっては、実際にAWSを利用するにあたって、「何ができるのか」「どうやったら利用できるのか」などの具体的なイメージをもちにくいのではないでしょうか？

本章では、AWSが提供するサービス全体の概要と、AWSを利用するうえで知っておきたい考え方、アカウント登録の手順、AWSの利用のしかたを説明します。

2.1　Amazon Web Services のサービス

AWSの最大の特徴は、そのサービスの豊富さと、新サービスの提供されるスピードにあります。毎週のように新サービスや新機能が提供され、その勢いは他のクラウドベンダーを圧倒しています。

また、2011年に日本国内にデータセンター（東京リージョン）が稼働し、さらに2015年には、AWSを操作するためのWebマネージメントコンソールが日本語に対応しました。これらにより、国内の企業システムでの実績も一気に増えました。

勉強会やユーザー会などのコミュニティ活動も活発で、ユーザー同士の情報交換の機会や、Amazon社からの情報発信など、日本語によるノウハウが豊富に蓄積されているのも、AWSの大きな特徴といえるでしょう。

しかしながら、そのサービスの豊富さがゆえに、利用者はどのサービスをどのように使えばよいか分かりづらくなっています。

AWSが提供しているサービスは、2016年4月時点で約50種類あります。これらAWSのサービスは、次の大カテゴリで分けられています。

- コンピューティング
- ストレージ ＆ コンテンツ配信
- データベース
- ネットワーク
- 開発者用ツール
- 管理ツール
- セキュリティ &ID
- 分析
- IoT
- モバイルサービス
- アプリケーションサービス
- エンタープライズアプリケーション

ここでは、主な提供サービスの概要を説明します。

2.1.1　コンピューティング関連のサービス

AWSの中核となるサービスが、このコンピューティングです。仮想サーバー

機能やコンテナー実行環境のマネージドサービスなどを提供します。

- **Amazon EC2（3章／4章／5章）**

    Amazon Elastic Compute Cloud（Amazon EC2。以降、EC2）とは、従量課金制の仮想サーバー機能です。業務システムでのLinuxサーバーやWindowsサーバーなどにあたります。EC2では、起動している仮想サーバーを**インスタンス**と呼びます。

- **Amazon EC2 Container Service（8章）**

    Dockerを運用するサービスです。Dockerとは、仮想化技術を使った、アプリ実行環境構築のためのツールです。

- **Amazon EC2 Container Registry**

    Dockerイメージの保存と共有を行うサービスです。Dockerイメージとは、アプリ実行環境をすべてパッケージングしたもののことを指し、これを利用することで、AWSだけでなく、オンプレミス環境や他のクラウドへのシステム移行も容易になります。

- **AWS Elastic Beanstalk**

    PaaSサービスである**Elastic Beanstalk**を利用することで、.NET／PHP／Python／Ruby／Node.jsで開発したアプリを自動でAWSにデプロイできます。たとえばJavaの場合、EclipseにAWS Toolkit for Eclipseを導入し、開発したWebアプリをデプロイすると、Apache Tomcatが起動したEC2サーバーに配置され、数分以内でサービスを提供できます。BeanstalkはWebサーバーの負荷に合わせて、自動でサーバーを増強してくれます。

Eclipseを使ったJavaによるWebシステム開発の例（Elastic Beanstalk）

- **AWS Lambda**

    AWS Lambdaは、クライアントからのリクエスト発生などのタイミングで任意のプログラムを動かすイベントドリブン型のサービスです。Amazon EC2のように、常時稼働しておく仮想サーバー機能ではないので、運用コストも安価で、他のさまざまなAWSサービスと組み合わせて利用できます。

- **Auto Scaling**

    Auto Scalingは、CPU使用率など、あらかじめ決められた条件に応じて、EC2インスタンスを自動的に増減させるサービスです。Webシステムにおける急激な負荷増大にも、柔軟に対応できます。

- **Elastic Load Balancing**（3章／5章／8章）

    トラフィックに応じて、複数のEC2インスタンスで負荷分散させるサービスです。

2.1.2　ストレージ&コンテンツ配信関連のサービス

業務システムで最も運用の負荷がかかるのは、データの管理です。AWSでは、データを容易に管理できるサービスを提供しています。

- **Amazon S3**（3章）

    冗長化されたデータストレージサービスで、業務システムでのファイルサーバーのようなものです。ExcelやWordなどのファイルを格納したり、画像を蓄積したりするのに適しています。オブジェクトの99.999999999％の耐久性と最大99.99％の可用性を提供するよう設計されている、信頼性の高いオンラインストレージです。

- **Amazon CloudFront**（3章）

    世界中にコンテンツを配信するためのネットワークサービスです。たとえば動画などを、エッジロケーションと呼ばれる拠点に自動的に配信し、利用者から最も近いエッジロケーションから、効率よくコンテンツを配信できます。

- **Amazon EBS**（3章／4章／5章）

    Amazon EC2のデータを保持するストレージサービスです。EC2のハードディスク、SSDのような役割をします。スナップショットと呼ばれるバックアップを取得できます。

- **Amazon Elastic File System**

    EC2 の共有ファイルストレージサービスです。ファイルの追加／削除にともなって、自動で容量を拡張／縮小するストレージです。

- **Amazon Glacier**

    Glacier は低価格で利用できるストレージサービスで、バックアップやアーカイブなどの用途に適しています。オンプレミスで利用していた磁気テープのような使い方が適しています。使用頻度は低いが、長期保存したいデータに利用します。

- **AWS Import ／ Export Snowball**

    ペタバイト級の大容量データの転送サービスです。データセンターの移設や災害時のデータ移行などに使います。

- **AWS Storage Gateway**

    オンプレミスと AWS を接続するストレージゲートウェイです。

2.1.3 データベース関連のサービス

クラウド上の仮想データベースの機能を提供します。MySQL ／ Oracle ／ SQL Server ／ PostgreSQL などの RDBMS だけでなく、ビッグデータなどで利用される NoSQL も利用できます。

- **Amazon RDS（4章／5章）**

    リレーショナルデータベース（RDBMS）を構築／運用するサービスです。MySQL ／ Oracle ／ SQL Server ／ PostgreSQL ／ Amazon Aurora のデータベースエンジンが利用できます。

- **AWS Database Migration Service**

    最小限の停止時間でデータベースを移行できるサービスです。オンプレミスのデータベースサーバーからの移行などに使います。

- **Amazon DynamoDB**

    DynamoDB は、NoSQL データベースサービスを構築／運用するサービスです。RDS と異なり非構造化データを容易に扱えます。

- **Amazon ElastiCache**

    ElastiCache は、クラウドでのメモリ内キャッシュの管理ができるサービスで

す。低速のディスクではなく、高速のメモリ内キャッシュから情報を取得することで、Webアプリのパフォーマンスを向上させます。

- **Amazon Redshift**

    ビッグデータのためのデータウェアハウスです。ペタバイト規模のデータを分析できるサービスです。

2.1.4　ネットワーク関連のサービス

AWSでは、クラウド上に任意のネットワークを構築するサービスや、オンプレミス環境と安全に通信するためのサービスを提供しています。

- **Amazon VPC（5章）**

    VPCは、AWS内にプライベートネットワークを構築するためのサービスです。一般的な業務システムでは、セグメント単位に配置するサーバーを振り分けます。たとえば、社内LANセグメントには、顧客情報などの重要なデータを保持するデータベースサーバーなどを配置し、非武装地帯（DMZ）セグメントには、メールサーバーやWebサーバーなど外部ネットワークと接続するサーバー群を配置します。VPCを使えば、ネットワークセグメントを分割し、ファイアーウォールを配置することで、セキュリティ要件に応じた制御が可能になります。

- **AWS Direct Connect**

    Direct Connectは、オンプレミスのネットワークとAWSのVPCネットワークとを直接に接続するための専用線サービスです。

- **Amazon Route 53（3章）**

    ドメイン名とIPアドレスを対応付けるDNSシステムを構築するためのサービスです。

2.1.5　その他のサービス

これまで説明したサービス以外にも、業務システムを構築するうえで必要なサービスが数多く提供されています。

■ 開発者用ツール

バージョン管理ツール Git を運用するための **AWS CodeCommit** や、開発環境で作成したアプリを自動で実行環境に配置（デプロイ）できる **AWS CodeDeploy** などのサービスが提供されています。

開発者用ツール

サービス名	説明
AWS CodeCommit	プライベート Git リポジトリでのコードの保存
AWS CodeDeploy	開発したアプリを実行環境に自動で配置
AWS CodePipeline	継続的デリバリーを使用したアプリのリリース

■ 管理ツール

AWS では、サーバー数台からなる小規模なシステムも構築できますが、数十台〜数百台のサーバー群が動的に稼働する大規模なシステムを構築する時にこそ威力を発揮します。その際、システムの状態を適切に管理することが重要になります。

管理ツールには、以下のようなものがあります。

管理ツール

サービス名	説明
Amazon CloudWatch	AWSリソースを監視するためのサービス
AWS CloudFormation	テンプレートを使ったリソースの作成と管理
AWS CloudTrail	ユーザーアクティビティと API 使用状況の追跡
AWS Config	リソースのインベントリと変更の追跡
AWS OpsWorks	Chef を使った操作の自動化
AWS Service Catalog	標準化された製品の作成と使用
Trusted Advisor	パフォーマンスとセキュリティの最適化

たとえば **Amazon CloudWatch**（7章）は、AWS 上のサーバー／ネットワークを統合管理するためのサービスです。グラフを使ってリソースの監視ができたり、あらかじめ設定したしきい値をこえると、アラートを発生させたりする運用管理機能があります。

AWS CloudFormation（7章）は、AWS で構成するインフラ環境を「テンプレート」で定義し、テンプレートを基に自動で環境構築するサービスです。

AWS OpsWorks は、インフラプロビジョニングツールである Chef をベースにした、自動環境構築サービスです。

■ セキュリティ＆ID

セキュリティ＆ID関連のサービスには、以下のようなものがあります。

セキュリティ＆ID関連のサービス

サービス名	説明
AWS Identity and Access Management (IAM)	AWSの認証を行うサービス。アクセスコントロールが可能
AWS Directory Service	Active Directoryのホスティングと管理
Amazon Inspector	アプリケーションのセキュリティの分析
AWS CloudHSM	暗号鍵管理のための専用ハードウェア
AWS Key Management Service	暗号鍵作成と管理
AWS WAF	Webアプリを攻撃から保護するファイアーウォール

IAM（6章）はAWSでの認証機能を提供するサービスです。ユーザー認証だけでなく、グループによるアクセスコントロールを行ったり、既存のMicrosoft Active Directoryなどのアカウント管理システムと連携したりできます。

また、**Amazon Inspector**は、AWS上で実行されるアプリを分析し、セキュリティの問題がないかをチェックするツールです。

暗号鍵を適切に管理する**AWS Key Management Service**や、暗号鍵を専用ハードウェア上でよりセキュアに管理できる**AWS CloudHSM**などのサービスも提供されています。

■ 分析

クラウドを使ったシステムで、最もメリットが生かせるのは、大量のデータを収集／管理し、蓄積されたビッグデータを分析する基盤です。

分析関係のサービスには、以下のようなものがあります。

分析関連のサービス

サービス名	説明
Amazon EMR	ホスト型 Hadoop フレームワーク
AWS Data Pipeline	定期的なデータ駆動型ワークフローに対するオーケストレーションサービス
Amazon Elasticsearch Service	Elasticsearch クラスターを実行し、スケーリングできるようにするサービス
Amazon Kinesis	リアルタイムストリーミングデータとの連携
Amazon Machine Learning	機械学習
Amazon QuickSight	高速ビジネスインテリジェンスサービス

Amazon EMRは、大規模データの分散処理フレームワークであるApache Hadoopの実行基盤です。

Amazon Kinesisは、大規模なリアルタイムストリーミングデータを容易に処理できるサービスです。

また、機械学習とは、大量のデータを学習し、そこに潜む法則を見つけ出し、学習した結果を新たなデータに当てはめることで、過去の法則にしたがって将来を予測する技術です。**Amazon Machine Learning**は、データを基に機械学習をするためのサービスです。ロボットなどに応用される人工知能などの研究にも利用できます。

■ IoT

IoT（Internet of Things）とは、サーバーだけでなく、世の中に存在するモノ（Things）が相互に通信することで、自動制御／遠隔計測などを行うことを指します。抽象度の高い言葉ですが、具体的には、GPSや各種センサーなどを持つデバイスからの情報を収集し、集められた情報を基に制御を行うしくみなどを指します。

AWS IoTは、AWSとIoTデバイスとの接続、ネットワーク管理、セキュリティ、データベースとの連携などを提供するサービスです。また、アプリの開発環境などIoTデバイスを開発するための機能も提供します。IoTは、注目されている技術の1つであるため、今後もサービスが追加／拡充されると思われます。

■ モバイルサービス

AWSはその名のとおり、Webアプリの実行環境の構築／運用に必要なサービスを数多く取りそろえていますが、AndroidやiOSなどで動作するモバイルアプリの開発／運用などに必要なサービスも提供されています。

モバイルサービス

サービス名	説明
AWS Mobile Hub	モバイルアプリの構築／テスト／監視
Amazon API Gateway	RESTful APIの構築／管理
Amazon Cognito	ユーザーIDおよびアプリケーションデータの同期
AWS Device Farm	Android／Fire OS／iOSアプリのテスト
Amazon Mobile Analytics	アプリ分析の収集／表示／エクスポート
AWS Mobile SDK	モバイルソフトウェア開発キット

Amazon API Gatewayは、モバイルアプリのバックエンド機能として利用できるRESTful APIを容易に構築できる機能です。
　ネットワークを使ったモバイルアプリ開発では、アカウントの管理やデータの同期のためのしくみが必要になります。**Amazon Cognito**を使えば、認証やデータの同期ができます。
　AWS Mobile SDKには、モバイルアプリの動作するOSに合わせて、開発ツールが用意されています。
　また、モバイルアプリで負荷のかかる作業の一つとして、複数のハードウェアデバイスでの動作テストがあります。**AWS Device Farm**はAndroid／Fire OS／iOSアプリのテストを行う機能を提供します。

■ アプリケーションサービス

　AWSはアプリの実行環境だけでなく、アプリが利用する各種サービスをそのまま提供する機能があります。

アプリケーションサービス

サービス名	説明
Amazon AppStream	ストリーミングサービス
Amazon CloudSearch	マネージド型検索サービス
Amazon Elastic Transcoder	メディアと動画の変換
Amazon SES	Eメール送受信サービス
Amazon SNS	プッシュ通知サービス
Amazon SQS	メッセージキューサービス
Amazon SWF	アプリ同士を連携させるワークフローサービス

　たとえば、**Amazon SES**はEメールの送受信を行うサービスで、**Amazon SNS**はモバイルアプリなどでよく利用されるプッシュ通知を行うサービスです。**Amazon CloudSearch**は、クラウド内のデータ検索を行うサービスです。

■ エンタープライズアプリケーション

　AWSでは、大規模な企業システム向けに、数多くの利用者をサポートする機能も用意されています。

エンタープライズアプリケーション

サービス名	説明
Amazon WorkSpaces	クラウド上の仮想デスクトップパソコンサービス
Amazon WorkMail	セキュリティで保護された企業向けEメールおよびカレンダー
Amazon WorkDocs	ファイル共有サービス

Amazon WorkSpacesはデスクトップPCをクラウド上で実行する機能です。リモートワークやモバイル環境からのアクセスや、有期雇用の社員などへ必要なアプリを提供する機能があります。**Amazon WorkMail**は企業向けEメールおよびカレンダー機能を提供するサービス、**Amazon WorkDocs**はファイル共有サービスです。

2.2　AWSクラウドデザインパターン

　アプリ開発の世界は「○○の時は□□のように作るのがよい」という、知恵袋のようなものがまとまっています。それを、デザインパターンといいます。アプリ設計に悩んだ時は「これまでの開発者は、どのようにしてきたのだろう？」という定石を知る、すなわちデザインパターンを学ぶことで、先人たちの知恵を借りることができます。

　AWSを使ってインフラを構築する時も、豊富なノウハウを凝縮したデザインパターンがまとまっています。それをAWSクラウドデザインパターンと呼びます。

　AWSは、数多くのサービスが提供されています。1つのサービスのみを利用するケースもありますが、システム要件に応じて複数のサービスを組み合わせてインフラを構築するケースの方が圧倒的に多くなります。その時に、どのサービスをどう組み合わせるかが重要になるので、インフラアーキテクチャー設計を行う時は、AWSクラウドデザインパターンを参考にするとよいでしょう。

　ここでは、代表的なAWSクラウドデザインパターンをいくつか紹介します。

2.2.1　Multi-Serverパターン（サーバーの冗長化）

　仮想サーバー機能であるEC2インスタンスを複数台並べ、ロードバランサー機能であるELBが処理を振り分ける構成です。インスタンスの障害によってシステム全体が停止することがないので、システムの可用性が向上します。

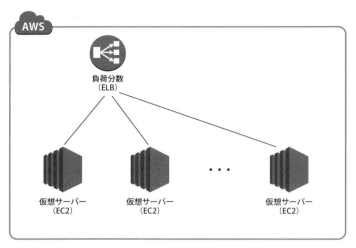

Multi-Serverパターン

2.2.2　Scale Upパターン（サーバーの拡張／縮小）

　サーバーのスペックを、リクエストの多寡に応じて自由に拡張／縮小する構成です。

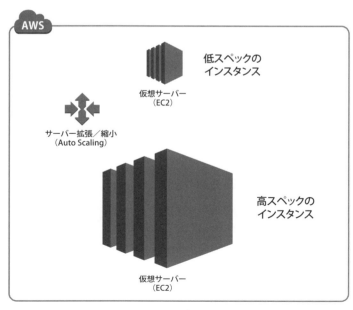

Scale Upパターン

自動的にサーバーを拡張できるため、システム本番稼働前に厳密なシステムリソースの見積もりが不要で、「リソース不足でシステムが止まり、利用者へのサービスを提供できない」といった機会損失を減らせるのが特徴です。

サーバーの縮小もできるため、利用状況を見て、リソースが過剰だと判断できれば、サーバーを低スペックに切り替えられるので、無駄なコストを減らせます。

2.2.3 DB Replicationパターン（データベースの複製）

予期せぬシステム障害や災害などで重要なデータが消滅しないよう、データベースの内容を複製する構成です。RDS（リレーショナルデータベース）を、異なるアベイラビリティゾーンに配置して、データを複製します。

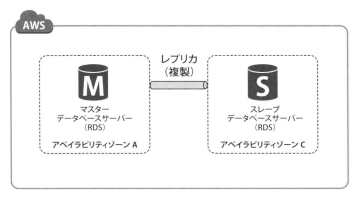

DB Replicationパターン

2.2.4 Functional Firewallパターン（階層別アクセス）

サーバーの役割に応じて、アクセス制限をかける構成です。EC2インスタンスやRDSインスタンスにセキュリティグループを設定し、必要な通信のみを許可します。その際、サーバー1台ごとに設定すると、設定ミスが発生しやすく、不正アクセスの原因ともなります。そのため、サーバーの階層ごとに論理的なグループを作り、グループ単位でセキュリティグループを設定するのが一般的です。

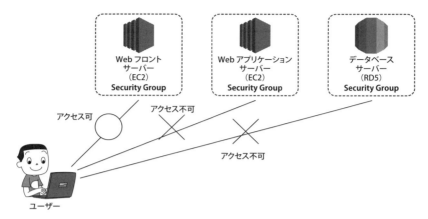

Functional Firewall パターン

　AWSを使ったシステムの構築では、クラウドならではの方法論も必要になるので、AWSクラウドデザインパターンは強い味方になるでしょう。

2.3 AWS のデータセンター

　AWSは、多くのサービスをAmazon社が管理する**データセンター**で提供しています。ただし、単一のデータセンターではなく、複数のデータセンター群が、世界各国で展開されています。また、AWSではデータセンターという用語は使わず、次の2つの用語を使います。

2.3.1 リージョン

　AWSのデータセンター群が設置されている地域のことを指します。2016年4月時点では次の場所にリージョンが設置されています。

- 米国西部（オレゴン／カリフォルニア）
- 米国東部（バージニア）
- 南米（サンパウロ）
- 欧州（アイルランド／フランクフルト）
- アジアパシフィック（ソウル／シンガポール／シドニー／東京／韓国）
- 中国（北京）

これ以外にも**GovCloud**と呼ばれる米国の政府省庁／契約企業のみが使えるリージョンがあります。北京リージョンは、中国に顧客がいる、中国を拠点とするなどの企業だけが利用できます。もちろん、今後は新しいリージョンも公開される予定です。

出典：https://d0.awsstatic.com/global-infrastructure/Global-Infrastructure_2.15.png

AWSのリージョン

2.3.2　アベイラビリティゾーン（AZ）

リージョンの中には、複数のアベイラビリティゾーンがあります。それぞれのアベイラビリティゾーンは、物理的に隔離された場所にあります。ネットワークだけでなく空調や電源も別の環境で運用されています。

リージョンとアベイラビリティゾーンは、次のような関係にあります。

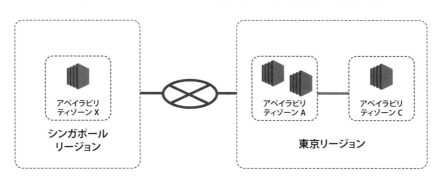

リージョンとアベイラビリティゾーンの関係

同一アベイラビリティゾーン内の通信は、プライベートIPアドレスでアクセスするため、費用もかかりません。同一リージョン内の異なるアベイラビリティゾーン間の通信はインターネットを経由しませんが、グローバルIPアドレスを使ってアクセスします。そのため、通信費用がかかります。

利用者とAWSのリージョンが離れている時は、ネットワークの遅延も発生するので、利用者に近いリージョンを選ぶのがよいでしょう。

また、アベイラビリティゾーン内で障害が発生した時は、同一ゾーンで稼働しているサーバーも影響を受けます。自然災害などに備えたディザスタリカバリなどのシステムを構成する時は、異なるアベイラビリティゾーンで運用しておくのがよいでしょう。この異なるアベイラビリティゾーンで運用する構成のこと を**マルチAZ構成**と呼びます。マルチAZ構成にすると、システム全体の可用性が向上します。

AWSで提供されているサービスや利用料金はリージョンによって異なります。新サービスが提供される時は、まず、米国などの一部のリージョンで提供が開始され、順次世界中のリージョンに展開されます。

各リージョンで利用できるサービスは頻繁に変化するので、以下の公式サイトを確認してください。

> URL 製品およびサービス一覧(リージョン別)
> https://aws.amazon.com/jp/about-aws/global-infrastructure/regional-product-services/

2.4 AWSアカウント登録と利用開始

AWSを利用するためには、アカウントの登録が必要です。ここでは、AWSアカウントの登録手順を説明します。

2.4.1 AWSアカウントの登録

AWSを利用するには、アカウント登録が必要になります。登録には、メールアカウントとクレジットカードが必要になります。また、本人確認のため通話可能な電話番号が必要です。

1 サインイン&AWSアカウントの作成

アカウントを作成するため、以下のURLにアクセスし、[サインアップ]または

2.4 AWSアカウント登録と利用開始

［まずは無料で始める］ボタンをクリックします。

URL AWS公式サイト
http://aws.amazon.com/jp/

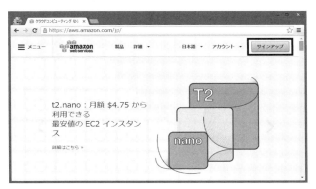

アカウント作成

新規アカウント作成画面が表示されるので、①メールアドレスを入力し、②［私は新規ユーザーです］にチェックを入れます。入力できたら、③［サインイン（セキュリティシステムを使う）］ボタンをクリックしてください。なお、環境によっては、登録ページが英語の場合もあります。

サインイン

2 ログイン情報の登録

AWSアカウントのログイン認証情報を登録します。

第 2 章　AWS の基本とアカウント登録

ログイン認証情報

　①名前／Eメールアドレス／パスワードを、すべて半角英数字で入力します。パスワードは、6 文字以上で入力してください。

　入力が完了したら、②［アカウントの作成］ボタンをクリックします。

3 連絡先情報の入力

　次に、AWS アカウントの連絡先情報を登録します。

連絡先情報

　まず、①言語選択ボックスが「日本語」でない場合、「日本語」を選択します。

　次に、②連絡先情報を入力します。連絡先情報は、日本語ではなくすべて半角英数字で入力してください。

2.4 AWSアカウント登録と利用開始

- フルネーム（会社アカウントの場合）
- 会社名（任意）
- 国（必須）
- 住所（必須）
- 市区町村（必須）
- 都道府県（必須）
- 郵便番号（必須）
- 電話番号（必須）

③セキュリティチェックに表示された文字を入力し、④AWSカスタマーアグリーメント（利用規約）に同意する場合はチェックボックスをクリックしてください。入力が完了したら、⑤［アカウントを作成して続行］ボタンをクリックします。

4 お支払い情報の入力（クレジットカード情報の登録）

次にクレジットカード情報を登録します。

支払情報

①有効なクレジットカード情報を入力し、②請求先住所が連絡先の住所と同じ場合は、「連絡先住所を使用する」を選択します。連絡先住所と異なる場合は、「新しい住所を使用する」を選択して、請求先住所を入力します。

入力が完了したら、③［次へ］ボタンをクリックします。

5 日本語自動音声電話によるアカウント認証

本人確認のため、電話（自動音声）による認証を行います。

本人確認

①着信を受けられる電話番号を入力します。非通知の着信拒否設定を行っている場合は、着信拒否設定の解除をしてください。電話番号を入力したら、②［すぐに連絡を受ける］ボタンをクリックします。

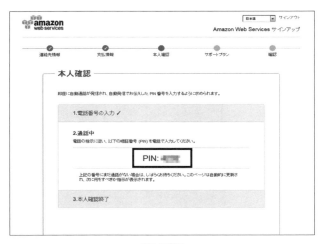

PINの確認

電話認証で入力する4桁のPIN（暗証番号）が画面に表示されます。指定した番号に電話がかかってきたら、電話の自動音声に従って、画面に表示された暗証番

号を電話のプッシュボタンで入力します。

画面が自動的に切り替わり、本人確認は完了となります。

電話認証を受信できない時や電話回線が混雑している時は、自動認証による本人確認が失敗することがあります。もし失敗した場合は、12時間以上間をおいて、ふたたび電話認証を行ってください。

6 AWS サポートプランの選択

最後に、AWSのサポートプランを選択します。

サポートプラン

有償のサポートを必要としていない場合は、①ベーシックを選択し、②［続行］ボタンをクリックします。

登録が完了したら、指定したEメールアドレス宛に確認メールが届きます。これで、AWSアカウントの作成は完了です。

2.4.2　AWSの課金と無料利用枠

AWSにおける利用料金の多くは**従量課金**です。従量課金とは、サービスやリソースを利用した分だけ課金される方法です。初期費用や月額費用はかかりませんが、アカウント登録時にクレジットカードを登録する必要があります。利用料金の計算方法は、サービスによって異なります。

AWSでは、よく利用されるサービスの利用料の見積もりを計算するために、専用の計算ツールが提供されています。

> **URL** AWS簡易見積ツール
> http://calculator.s3.amazonaws.com/index.html

また、**AWS無料利用枠**は、AWSにアカウント登録した日から12か月、特定のサービスを一定量まで無料で利用できるサービスです。AWSを試しに使ってみたい場合や勉強目的で、気軽に試せます。

たとえばAmazon EC2は、低スペックのLinuxサーバー用インスタンスを1か月750時間まで、Amazon S3は、5GiBまでの標準ストレージなどが無料利用枠です。また、利用期間終了後にも自動的に期限切れにならない追加サービスも提供されています。

> **URL** AWSクラウド無料利用枠
> https://aws.amazon.com/jp/free/

ただし、制限量を超えた部分に関しては、たとえ無料期間中であっても課金されます。

2.5 AWSの開発ツール

AWSでは、Webブラウザーからサービスを操作できるAWSマネージメントコンソールだけでなく、コマンドで操作できるAWS CLIや開発言語ごとのSDK（Software Development Kit）が提供されています。ここでは、これらの開発ツールの概要を説明します。

2.5.1 AWSマネージメントコンソール

AWSマネージメントコンソールは、WebブラウザーからAWSを操作できるツールです。たとえば、Amazon EC2の起動／停止やRDSによるデータベースの作成や管理も、Webブラウザー上でマウスを使って操作できます。また、AWSアカウントの詳細や課金額も確認できます。

AWSを初めて利用する時は、まずAWSマネージメントコンソールを使って、AWSのサービスの使い方を学ぶとよいでしょう。

AWSマネージメントコンソールを利用するには、以下のAWSサイトにアクセスし、右上にある［アカウント］メニューの［AWSマネージメントコンソール］を選択します。

URL AWS公式サイト

http://aws.amazon.com/jp/

AWSマネージメントコンソール

ログイン画面に遷移するので、①アカウント登録したアドレスまたは携帯番号と②パスワードを入力して、③ [サインイン] をクリックします。

サインイン

ログインが完了すると、AWSマネージメントコンソール画面が表示されます。画面の上部には、ナビゲーションバーが表示されます。

①オレンジ色の [コンソールのホーム] ボタンをクリックすると、AWSで利用できるサービスの一覧がアイコンで表示されます。② [サービス] メニューをクリックしても、利用できるサービスを表示できます。

AWSマネージメントコンソールの画面

アカウント情報の確認は、ナビゲーションバーの［アカウント］メニューをクリックすると表示されます。①［アカウント］を選択すると、請求書やクレジットカードの情報などを確認できます。②［請求とコスト管理］を選択すると、サービスごとの課金額など、現在の利用状況を確認できます。③［認証情報］を選択すると、AWSのアカウント情報を確認できます。

アカウント情報の確認

リージョンを選択する時は、アカウント名のとなりのリージョンメニューをクリックし、利用したいリージョンを選択します。次は、アジアパシフィック（東京）リージョンを利用する例になります。

リージョンの選択

　本書では、断りのない場合、アジアパシフィック（東京）リージョンを利用します。

　AWSの提供サービスによって、AWSマネージメントコンソールのレイアウトや操作方法が異なります。各サービスのAWSマネージメントコンソールの操作手順の詳細については、次章以降で説明します。

　なお、ここで作成したアカウントは**AWSアカウント**と呼ばれ、AWSのすべての操作が行える強い権限を持っています。そのため、認証にはパスワードだけでなく、デバイスと組み合わせた多要素認証を設定するようにしてください。また、実際の運用に際しては、UNIXでの一般ユーザーに相当する、権限が限られた**IAMユーザー**を作成することをお勧めします。AWSのアカウント管理の詳細については、第6章を参照してください。

> **NOTE　Webマネージメントコンソールのショートカット作成**
>
> よく利用するサービスは、ナビゲーションバーにショートカットを作成できます。①［編集］メニューを選択し、②ショートカットを作成したいサービスをナビゲーションバーにドラッグアンドドロップします。たとえば、Amazon EC2をショートカットにする時は、次の図のように［EC2］を選び、ナビゲーションバーにドラッグアンドドロップします。

ショートカットの作成

2.5.2　AWSコマンドラインインターフェイス（CLI）

　システムが大規模になると、EC2のサーバーの起動／停止などを自動化する必要が出てきます。AWSの各サービスの操作にも慣れてくると、AWSマネージメントコンソールから1台ずつマウスで操作することは作業効率が悪いだけでなく、思わぬミスを犯してしまう恐れもあります。

　AWSコマンドラインインターフェイス（AWS CLI）は、AWSサービスをコマンドで操作するための統合ツールです。コマンドを実行することで、複数のAWSのサービスを一元管理し、スクリプトを使用してAWSの作業を自動化できます。

　AWS CLIは次のプラットフォームをサポートしています。

- **Windows**
  　64ビットまたは32ビットのWindowsインストーラーをダウンロードし、実行します。

- **MacとLinux**
  　Python 2.6.5以降が必要で、pipコマンドを使ってインストールします。なお、Amazon Linuxには、プレインストールされています。

　URL　AWSコマンドラインインターフェイス
　https://aws.amazon.com/jp/cli/

2.5.3　ソフトウェア開発キット（SDK）

　AWSは、インフラエンジニアやシステム管理者がサーバーやネットワークなどのリソースを利用するだけでなく、アプリ開発者が、アプリ内でAWSのサービスを利用します。AWSは、プログラミング言語またはプラットフォームごとにソフトウェア開発キット（**Software Development Kit**）を提供しています。

- Android
- JavaScript
- iOS
- Java
- .NET
- Node.js
- PHP
- Python
- Ruby
- Go
- C++

　たとえば、AWS SDK for Javaは、JavaのアプリからS3／EC2／DynamoDBなどのサービスを使うために、AWS Javaライブラリ（jarファイル）とサンプルコードとドキュメントが提供されます。また、同じJavaでもAndroidアプリを開発する時はAWS SDK for Androidを利用します。

　AWS SDKには、頻繁に対応するプログラミング言語、およびプラットフォームが追加されます。以下のサイトで、開発で使っているSDKが対応しているかを確認してください。

> **URL** AWSのツール
> https://aws.amazon.com/jp/tools/

2.5.4　統合開発環境（IDE）のプラグイン

　AWSでは、以下のIDEツールキットを提供しています。IDE上からGUI操作でAWSの各サービスの操作やデプロイができ、学習コストもほとんどかからないので、大規模プロジェクトなどですでにIDEを利用している現場などでは、開発生産性が向上します。

AWS Toolkit for Eclipse

　AWS Toolkit for Eclipse（第4章）は、Eclipse Java統合開発環境用のプラグインです。プラグインをインストールすると、IDE上から、GUIでAWSの操作ができる **AWS Explorer** を使って、EC2の起動／停止などができます。

　URL　AWS Toolkit for Eclipse 公式サイト
　　https://aws.amazon.com/jp/documentation/awstoolkiteclipse/

AWS Toolkit for Eclipse

AWS Toolkit for Visual Studio

　AWS Toolkit for Visual Studioは、Microsoft社が提供するIDEであるVisual Studio用のプラグインです。AWSの各サービスを使った.NET アプリの開発やデバッグ／デプロイができます。

　URL　AWS Toolkit for Visual Studio 公式サイト
　　https://aws.amazon.com/jp/documentation/aws-toolkit-visual-studio/

AWS Toolkit for Visual Studio

3章

Web サーバーの構築

　Amazon Web Servicesでは、どのようなWebサービスを作りたいかによって、利用者自身が、どのサービスをどう組み合わせて利用するかを決めなければなりません。しかし、AWSを利用し始めたばかりの人の話を聞くと「サービスが多すぎてどれを使ってよいかわからない」という声があがります。

　本章では、AWSの代表的なサービスであるS3やEC2を使って、Webサイトを構築し、AWSの基本的な使い方を紹介します。

3.1　WebのしくみとHTTP通信の基本

本節では、AWSを使ってWebサイト／Webアプリを構築するために、前提として知っておきたいWeb技術の基礎知識を説明します。

3.1.1　Webアプリとは

Webアプリとは、インターネットやイントラネットなどのネットワークを介して、Webブラウザーを使って操作するアプリのことです。Webアプリは、現在ではさまざまなものが提供されており、今日の私たちの生活には欠かせないものになっています。

具体的には、以下のようなものがあります。

- 企業や個人のホームページ
- ブログ
- ニュースや動画の配信
- SNSでの交流
- オンラインショッピング
- 銀行のインターネットバンキング
- 証券会社のオンライントレードなど

一方、端末にインストールして実行するアプリをネイティブアプリといいます。たとえば、Android端末であれば「Google Play」、iPhoneやiPadなどiOS端末であれば「App Store」で必要なアプリを選び、端末にダウンロード／インストールして利用します。また、画像処理ソフトやオフィスソフトのように、パソコンにインストールして利用するアプリも、ネイティブアプリです。

3.1 Web のしくみと HTTP 通信の基本

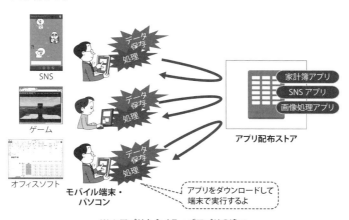

Webアプリとネイティブアプリの違い

　両者の違いは、実行環境の違いにあります。

1 Webアプリ

　Webアプリは、ブラウザーからアプリにアクセスすると、ネットワーク上にあるWebサーバーで処理を行い、処理結果をブラウザーに表示します。サーバーに対してネットワーク通信ができる環境で、ブラウザーさえあればアクセスできるので、パソコンであれ、スマートフォン／タブレットであれ、プラットフォームを問わず利用できるのが特徴です。

　なお、Webアプリの中でも、企業や個人のホームページのようにWebサーバー

で動的な処理を行わず、サーバー上で公開された画像データやテキストなどをダウンロードして、ブラウザーでそのまま表示するものを、本書ではWebサイトと呼びます。

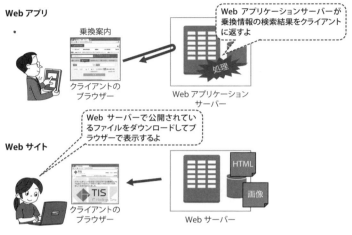

WebアプリとWebサイト

本書では、AWSを使ったWebサイトの作り方を第3章、Webアプリの作り方を第4章で紹介していきます。

2 ネイティブアプリ

ネイティブアプリは、インストールした端末上で処理を実行します。アプリの挙動は、実行するハードウェアとOSに依存するので、たとえ同じ機能を持つアプリでも、プラットフォームごとに開発する必要があります。Androidの場合はJava、iOSの場合はSwift、パソコンの場合はC++やC#などの言語で開発します。プラットフォーム固有の機能を利用することから、開発の自由度が高く、処理速度も高速であるため、ゲームやデバイスドライバーなどに適しています。

Webアプリとネイティブアプリアプリの違い

項目	Webアプリ	ネイティブアプリ
実行環境	サーバー	クライアント
インストール	不要（ブラウザー）	専用のマーケットからダウンロード／インストール
メリット	どのプラットフォームでも利用できる	ネットワークがなくても利用できる／処理が高速
デメリット	ネットワークが必須／動作が遅い	プラットフォームごとに開発が必要

Webアプリでは、アプリの処理を担うWebサーバーの構築と運用が必須ですが、AWSは、Webサーバーの構築と運用に関する機能を、クラウドサービスとして提供しています。

また、ネイティブアプリのサーバー側の処理を構築するためのサービスも多数取りそろえているのも特徴です。

3.1.2 Webサーバーへのリクエストとレスポンス

Webアプリでは、Webサーバー上で公開されたファイルやプログラムをブラウザーから呼び出すことで、利用者が欲しい情報を参照できます。

ふだん、ブラウザーから特に意識することなく、ボタンやリンクをクリックして情報を得ていますが、裏ではブラウザーからWebサーバーに処理の依頼をしているのです。この、ブラウザーからWebアプリになんらかの処理を依頼することを**リクエスト**と呼びます。一方、利用者のブラウザーからのリクエストを受けたWebアプリは、指定されたプログラムを実行した結果や、指定されたファイルや画像を、利用者のブラウザーに送信します。このWebサーバーからブラウザーへの処理結果の送信を**レスポンス**と呼びます。

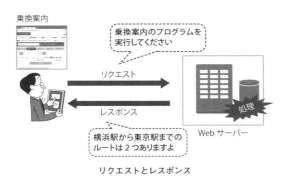

リクエストとレスポンス

Webアプリでは、このリクエストとレスポンスを繰り返すことで、アプリの呼び出しと、利用者に必要な情報をやりとりしています。

3.1.3 WebサーバーへのアクセスとURLの書式

ここで、ブラウザーからWebアプリを呼び出すしくみを、もうすこし掘り下げて見ていきましょう。

Webアプリは、ブラウザーからサーバーにリクエストを送信して処理を行い

ます。アクセス先のサーバー上にはアプリの実行に必要なプログラムやファイルが格納されています。そのため、ブラウザーから「どこのWebサーバーに処理を要求するか」をURLで指定する必要があります。**URL**（Uniform Resource Locator）とは、ネットワーク上に存在する情報リソースの場所を記述するためのデータ形式で、いわばWebアプリの住所に相当します。

　Webブラウザーの上部に、URLを入力するための欄があるので、ここにURLの値を入力します。すると、Webサーバー上の実行プログラムやファイルが呼び出されます。

ブラウザーでのURLの指定

このURLの書き方には、次の決まりがあります。

```
リスト  scheme://<user>:<password>@<host>:<port>/<url-path>?<searchpart>
          1        2        3          4       5       6            7
```

(1) スキーム

　どのようなプロトコルを使って通信をするかを指定します。指定できる主なスキームは次のとおりです。

- ftp：ファイル転送
- http：Webサーバーへのアクセス
- mailto：電子メールの宛先
- telnet：サーバーへのリモートアクセス
- file：ファイルへのアクセス

(2) ユーザー名（省略可）

認証が必要なサーバーに接続する時にユーザー名を指定します。

(3) パスワード（省略可）

認証が必要なサーバーに接続する時にパスワードを指定します。

(4) ホストアドレス

接続先のサーバーのアドレスを指定します。IPアドレスの形式、またはサーバーを表すドメイン名を指定します。

(5) ポート番号（省略可）

接続先ホストのポート番号を指定します。スキームが既定のポート番号を規定している場合は省略できます。たとえば、スキームでWebアクセスである「http」を指定した時は、既定で80番ポートが使われるので、80番ポートにアクセスしたい時は、ここのポート番号は省略可能です。

(6) ドキュメントパス（省略可）

接続先サーバーに配置されているプログラムやファイルのパスを指定します。

(7) サーチ（省略可）

サーバーに問い合わせる時のパラメーターを指定します。スキームがhttpの時に使われます。クエリストリングと呼ばれていて、パラメーターを「key=value」の形式で記述します。サーバーに複数のパラメーターを送りたい時は、「&」で区切ります。

具体的にURLをひもといて、見ていきましょう。たとえば、ブラウザーから次のアドレスにアクセスすると、どのような処理が行われるかを説明します。

URL 具体的なURLの例

```
http://www.codezine.jp/test.jsp
```

このURLでは、スキームに指定された「http」プロトコルを使ってサーバーとの通信が行われます。そして、ホストアドレスに指定されている「www.codezine.jp」に対してアクセスします。ここでは、ユーザー名とパスワードは指定されていないので、認証はしません。アクセスしたサーバーのどのプログラムを実行するかが指定されているので、「test.jsp」に対してリクエストを送信します。

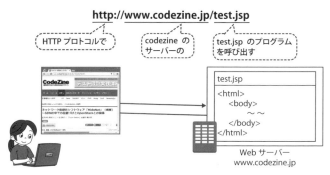

URLの指定例

3.1.4　IPアドレスとドメイン名

　インターネットでは、TCP/IPというプロトコルを使って通信します。TCP/IPの世界では、ネットワークにつながる機器に**IPアドレス**を割り振り、通信を制御します。

　IPアドレスは、いわばインターネット上の機器に割り当てられた住所のようなものです。「IPv4」(Internet Protocol version 4)と「IPv6」(Internet Protocol version 6)という、2つのバージョンがあります。

　現在、広く利用されているIPv4では、32ビットの長さのアドレスが使われています。サーバーやルーター／ファイアーウォールなどのネットワーク機器が取り扱う時は、2進数のまま処理しますが、人間にとっては0と1の羅列で分かりにくいため、次の図のように32ビットを、8ビットずつ4つに区切って10進数にして表現します。

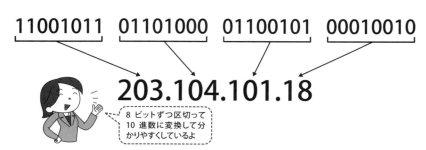

IPアドレス

ただし、IPアドレスはあくまでも数字の羅列で、人間にとっては覚えにくいため、一般的には、コンピューターやネットワークに分かりやすい名前を付けて通信します。この名前を**ドメイン名**と呼びます。ドメイン名は、ICANN (Internet Corporation for Assigned Names and Numbers) によって一元管理されていて、一意な値が割り振られています。ドメインを取得するには、**レジストラ**という組織に申し込む必要があります。

ドメインは「.（ドット）」で区切られた形式で、最後のブロックがトップレベルドメイン、その前が第2レベルドメイン、第3レベルドメインと続きます。

トップレベルドメインには、次のようなものがあります。

- .com
- .net
- .org
- .jp

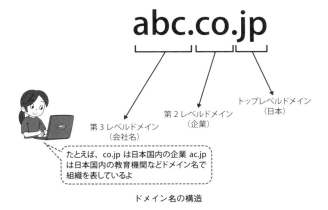

ドメイン名の構造

ドメイン名の前にホスト名を付けたものを**完全修飾ドメイン名（FQDN）**と呼びます。

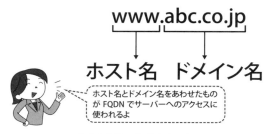

完全修飾ドメイン名（FQDN）

　FQDNは、IPアドレスに変換したうえで、通信されます。この変換を担うサーバーがDNSサーバーです。
　DNSサーバーは、階層構造をとっています。インターネットの最上位のドメインであるルートドメインを管理するDNSサーバーをルートサーバーと呼びます。
　ルートサーバーは世界各地の十数ヶ所に配置されています。ルートサーバーには、.jpや.comなどのトップレベルドメインを管理するサーバーの情報を持っています。各トップレベルドメインのDNSサーバーは、第2レベルドメインのDNSサーバーの情報を持っていて、最上位から順番に各階層のDNSサーバーに問い合わせることでドメイン名のアドレス情報を得られるしくみになっています。
　DNSサーバーのことを、ネームサーバーと呼ぶこともあります。

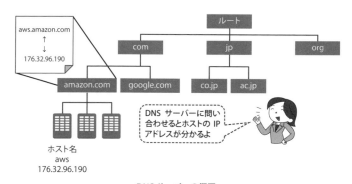

DNSサーバーの概要

　DNSサーバーは、自身が管理するドメインやホストの名前と対応するIPアドレスを一元管理するファイルを持っています。ホストの情報だけでなくメールサーバーやドメインの別名などを設定できます。DNSでは、ホスト名からIPアドレスを問い合わせることを**正引き**、逆にIPアドレスからホスト名を問い合わせること

を**逆引き**と呼びます。このように、IPアドレスとホスト名を対応付けることを**名前解決**と呼びます。

主なDNSレコード

レコード名	説明
A	ドメイン名とIPアドレスを変換。正引きの問い合わせに使われる
CNAME	ドメイン名の別名設定
MX	メールサーバーの指定。メールサーバーに優先度を設定できる
NS	他のネームサーバーの指定
SOA	DNSサーバーの動作を決めるための基本情報
PTR	IPアドレスをドメイン名に変換。逆引きの問い合わせに使われる

3.1.5 HTTP通信のしくみ

　Webアプリでは、クライアントのブラウザーからWebサーバー上のコンテンツやアプリにアクセスすることで処理を行います。この時、クライアントとWebサーバーの間では**HTTP**（HyperText Transfer Protocol）という通信プロトコルが使われます。

　HTTPは、ブラウザーとWebサーバーの間でHTMLなどのコンテンツの送受信に用いられる通信プロトコルです。ハイパーテキスト転送プロトコルとも呼ばれます。イギリスの物理学者ティム＝バーナーズ＝リーが1991年にWebを発明した時に使ったプロトコルHTTP/0.9から始まり、現在は2015年2月に仕様化されたHTTP/2が最新バージョンです。

　クライアントでは、Webサーバーに対して処理を依頼するため、次の8つのメソッドを利用できます。

HTTPのメソッド

メソッド	説明
GET	リソースの取得を要求。Webサイトを閲覧する時にWebページの取得／画像の取得などで使用
POST	フォームに入力したデータをサーバーに転送
PUT	リソースの更新を要求
DELETE	リソースの削除を要求
HEAD	HTTPヘッダーのみの情報を要求
CONNECT	プロキシサーバーを経由してSSL通信する際などに使用
OPTIONS	サーバーがサポートしているメソッドやオプションを調べる
TRACE	HTTPの動作をトレース

このうち、特によく使われるのが、**GETメソッド**と**POSTメソッド**です。

たとえば、あるWebサイトのトップ画面にアクセスした時を考えてみます。WebサイトのURLで指定されたWebサーバーに格納されているindex.htmlのリソースを取得するため、ブラウザーはGETメソッドをWebサーバーにリクエストを送信します。リクエストを受け取ったWebサーバーは、自身に格納されているindex.htmlのデータを、クライアントのブラウザーに対してレスポンスとして返します。

Webサーバーからのレスポンスを受け取ったクライアントのブラウザーは、レスポンスの内容（この場合だとindex.html）を解釈し、プログラムの内容に従ってデータを整形し、処理結果として表示します。

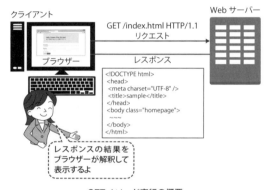

GETメソッド実行の概要

HTTPでは、クライアントからのリクエストを正しく処理できる時もありますが、なんらかの理由でエラーになることもあります。

HTTPでは、正常か異常かを示すため、次のステータスコードが規定されています。

- 100番台：情報
- 200番台：成功
- 300番台：リダイレクト（たとえば、301は別URLへの移動）
- 400番台：クライアントエラー
- 500番台：サーバーエラー

3.1 Web のしくみと HTTP 通信の基本

　Webアプリの開発や運用は、常にエラーとの戦いになります。よく目にするHTTPステータスコードと、その主な原因を次の表にまとめます。

主なHTTPステータスコード

分類	ステータスコード	メッセージ	説明	主なエラーの原因など
情報	100	Continue	処理を継続	—
成功	200	OK	成功	—
更新	304	Not Modified	更新されていない	ブラウザ内のキャッシュに残っているコンテンツを使ってWebページを表示
	305	Use Proxy	プロキシ使用	Locationヘッダーで指定したプロキシを使用
クライアントエラー	400	Bad Request	不正なリクエスト	ブラウザー（クライアント）から送信したリクエストに不正があり、うまく処理できない時に表示されるエラー
	401	Unauthorized	認証エラー	パスワードがかかっているWebサイトに対し、パスワードが間違っていた場合に表示されるエラー。また、アクセス権限がないときなどにも表示される
	403	Forbidden	アクセス禁止エラー	アクセスが禁止されているときに表示されるエラー。サーバーの高負荷が原因の場合もある
	404	Not Found	ファイルが見つからないエラー	ページの削除や、URLの変更によってページが見つからない時に表示されるエラー
	407	Proxy Authentication Required	プロキシ認証が必要	プロキシによる認証が必要なサイトにアクセスした時のエラー
	408	Request Timeout	タイムアウト	リクエストがタイムアウトした時のエラー
サーバーエラー	500	Internal Server Error	サーバー内部エラー	プログラムに問題があるときや、アクセス権などの設定が適切でない時に表示されるエラー
	501	Not Implemented	実装されていない	サーバーが要求された機能をサポートしていない時のエラー
	502	Bad Gateway	ゲートウェイ不正	プロキシサーバーが無効な応答を受け取った時のエラー
	503	Service Unavailable	サービス利用不可エラー	サーバーの過負荷状態で一時的にWebページが表示できない時に起こるエラー

　HTTPはステートレス通信を行います。ステートレス通信とは1回コマンドを送ったら1回結果が返ってきてそれで終わり、という通信のことです。
　また、HTTPではデータが暗号化されていないため、通信経路のどこかで内容を知られる可能性があります。第三者に知られたくない情報をやりとりする時は、暗号化されたHTTPSという通信プロトコルを使います。

ウェルノウンポート

TCP/IPを利用したデータ通信で、特定のプロトコルで予約されているポート番号をウェルノウンポート（または予約ポート）と呼びます。0から65535までのポート番号のうち、ウェルノウンポートは1から1023までを使うことが慣例になっています。

ポート番号の割り当ては、インターネットに関連する番号を管理している組織であるIANA（Internet Assigned Numbers Authority）が管理しています。

URL IANA
http://www.iana.org/

Webアプリを開発／構築するうえで知っておきたいウェルノウンポートを紹介します。

代表的なウェルノウンポート

番号	TCP/UDP	サービス／プロトコル	説明
20	TCP	FTP（データ）	ファイル転送（データ）
21	TCP	FTP（制御）	ファイル転送（制御）
22	TCP/UDP	ssh	セキュアシェル
25	TCP/UDP	SMTP	メール転送
43	TCP	WHOIS	ドメイン情報検索
53	TCP/UDP	DNS	ドメインネームシステム
80	TCP/UDP	HTTP	Webアクセス
88	TCP/UDP	Kerberos	ケルベロス認証
110	TCP	POP3	メール受信
123	UDP	NTP	時刻調整
389	TCP/UDP	LDAP	ディレクトリサービス
443	TCP/UDP	HTTPS	HTTPの暗号化通信
465	TCP	SMTPS	SMTPの暗号化通信
514	UDP	syslog	ログ収集
989	TCP/UDP	FTPS（データ）	FTP（データ）の暗号化通信
990	TCP/UDP	FTPS（制御）	FTP（制御）の暗号化通信
995	TCP	POP3S	POP3の暗号化通信

3.2　S3を使ったWebサイトの構築

AWSを使ってWebサイトを構築する方法は、いくつもあります。ここでは、まず最も手軽にWebサイトを構築できる**Amazon Simple Storage Service**（**Amazon S3**。以降、S3）を使ってWebコンテンツをインターネット上に公開する手順を説明します。

S3は、初期のころからリリースされているAWSの中核サービスです。S3は、汎用性が高くAWSの他のサービスと組み合わせて利用されることが多いので、ここで基本的な考え方や操作のしかたを知っておくとよいでしょう。

URL　S3公式
https://aws.amazon.com/jp/documentation/s3/

3.2.1　Amazon Simple Storage Service（Amazon S3）とは

S3は、クラウド上にストレージを提供するサービスです。企業内システムでよく利用されるファイルサーバーのようなものだと考えればよいでしょう。社内のファイルサーバーの場合、部署内などに設置されることが多く、社内ネットワーク内からのアクセスしかできません。

S3は、クラウド上でファイルを共有できるサービスなので、インターネットに接続できる環境であれば、世界中のどこからでもデータにアクセスできます。また、ファイルの保存だけでなく、Webサイトでのコンテンツ配信やバックアップとアーカイブ、災害対策、ビッグデータ分析など、さまざまな用途で利用できます。最大99.999999999%の耐久性と99.99%の可用性を持ち、要件に応じて、細かいアクセス制限を設定できるのが特徴です。

S3は、データの特性に応じて次のストレージを選択できます。

ストレージの特徴

ストレージの種類	特徴
Amazon S3標準	頻繁にアクセスするデータを保存するための汎用ストレージ
Amazon S3標準-低頻度アクセス（標準-IA）	標準に比べて1GiBあたりの料金は安いが、データ取り出しのコストが高い。長期間保管するがめったにアクセスしないデータのためのストレージ、データのバックアップなどに向いている

選択したストレージによって、保管料金が異なります。

東京リージョンでのS3のデータ保管料金（2016/04/05時点）

データ量	S3標準	S3標準-低頻度アクセス
最初の1TB/月	$0.0330/GiB	$0.019/GiB
次の49TB/月	$0.0324/GiB	$0.019/GiB
次の450TB/月	$0.0319/GiB	$0.019/GiB
次の500TB/月	$0.0313/GiB	$0.019/GiB
次の4,000TB/月	$0.0308/GiB	$0.019/GiB
5000TB/月以上	$0.0302/GiB	$0.019/GiB

S3はデータの保管料に加えて、データの転送やリクエスト数によっても料金が変わります。月額使用料や初期費用は不要です。

3.2.2　S3の基本用語

S3を使うにあたり、まず押さえておきたいAWS用語は次の2つです。

- バケット：データの入れ物
- オブジェクト：格納するファイルの呼び方

S3を利用する時は、まずデータの入れ物である**バケット**を作成します。そのバケットの中に、任意のデータを格納できます。格納したデータにアクセスする時は、このS3のバケットを指定するので、バケット名は全リージョンで一意である必要があります。すでにS3上に存在するバケットと、同じ名前のバケットは作成できません。

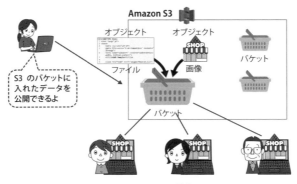

S3でのWebサイト構築

バケットを作成し、バケットの中にデータを格納したら、次はバケットにアクセス権を設定し、データを公開します。

このような流れでS3のバケットの中にHTMLやJavaScriptのソースコードや画像ファイルなどのWebコンテンツをS3のオブジェクトとして格納し、全世界にデータを公開するよう設定することで、Webサイトを構築できます。

3.2.3　S3を使ったWebサイト構築

S3の大まかな構造を理解できたところで、ここからは、かんたんなWebサイトを構築しながら、S3の使い方をみていきましょう。まず、Webコンテンツを公開するためのS3バケットを作成します。

1 S3のマネージメントコンソールを起動

AWSマネージメントコンソールを起動し、メールアドレスとパスワードを入力してサインインします。マネージメントコンソールから［S3］を選択します。

S3のAWSマネージメントコンソール

2 バケットの作成

［バケットの作成］ボタンをクリックして、新しいバケットを生成します。

第 3 章　Web サーバーの構築

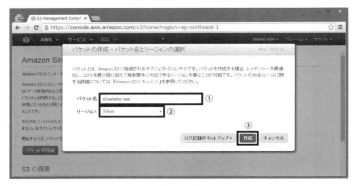

バケット作成

　ここで、[名前] として①「s3website-asa」と入力し、リージョンとして②「東京」を選択したうえで、③[作成] ボタンをクリックします。
　バケット名は、英小文字で**他と重複しない一意の名前**を付けてください。もし、重複するバケット名を指定した時は、次のようなエラーが表示されます。

バケット名のエラー

　バケットが完成すると、次のような画面が表示されます。

バケット作成完了

3 Webコンテンツの用意

パソコンの任意のフォルダーに、S3で公開したいWebサイトのコンテンツを準備します。ここでは、サンプルのコンテンツをアップロードしていきます。

サンプルは、ダウンロードサンプルから/aws-s3-sampleフォルダー配下のものを利用してください。サンプルファイルの構成は次のようになっています。これらをS3のオブジェクトとしてアップロードします。

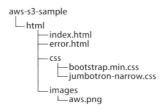

サンプルのフォルダー構成

4 オブジェクトのアップロード

S3のマネージメントコンソールで、生成したバケット名のリンクをクリックします。

アップロード

アップロード画面が開くので、[アップロード]ボタンをクリックします。

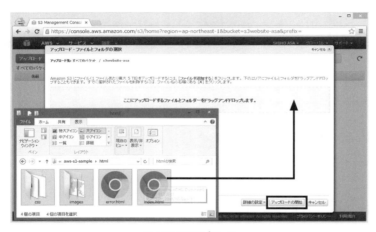

ファイルのアップロード

　[アップロード]ダイアログが開いたら、ファイルは[ファイルを追加する]ボタンをクリックするか、アップロードするファイルをコンソール画面にドラッグ＆ドロップします。用意しておいたWebコンテンツをすべて追加し、[アップロードの開始]ボタンをクリックします。
　転送が完了すると、ファイルがS3のコンソール内に表示されます。

3.2 S3を使ったWebサイトの構築

アップロードの完了

アップロードの状況は、画面のログに表示されます。アップロードに成功した時は［完了］と表示されます。これで、WebコンテンツがS3のオブジェクトとしてバケットの中にアップロードできました。

5 Webコンテンツの一般公開

S3のバケットは、既定ではインターネット上に公開されてもアクセス権がないので、表示できません。

たとえば、①アップロードした「index.html」をクリックしてください。index.htmlの詳細を確認するため、②［プロパティ］ボタンをクリックします。

ファイルのプロパティの確認

ファイルの属性が表示されるので、③［リンク］という項目を確認してみましょう。これは、アップロードしたファイルを参照するためのURLです。このURLのリンクをクリックすると、次のようなアクセスエラーになります。

71

アクセスエラー

　アップロードしたファイルをインターネット上に公開する時は、該当のファイルやフォルダーを選択して右クリックし、表示されたコンテキストメニューから①［公開する］ボタンをクリックします。サンプルのcssフォルダーやimagesフォルダーなども、同じ手順でインターネット上に公開します。

ファイルの公開

　作成したサイトは、②リンクをクリックするとアクセスできます。

パソコンのブラウザーからの公開の確認

3.2 S3を使ったWebサイトの構築

機密情報の取り扱い

インターネット上にファイルが公開されるので、機密情報などが含まれていないかなど、ファイルの取り扱いには十分に注意してください。

7 Webサーバー機能の設定

ファイルを公開できたら、次は公開するフォルダーにドメイン名だけでアクセスさせるために、Webサーバー機能を有効にします。

静的ウェブサイトホスティング

マネージメントコンソールからバケットを選択し、①[プロパティ]の②[静的ウェブサイトホスティング]をクリックします。

ホスティングの有効化

ウェブサイトの設定画面が表示されるので、①［ウェブサイトのホスティングを有効にする］を選択し、以下を指定します。

- インデックスドキュメント：アクセスした時に最初に表示する画面（index.html）
- エラードキュメント：ファイルが見つからないなど、なんらかのエラーが発生した時に表示する画面（error.html）

②［保存］ボタンをクリックすると、S3のバケットがWebサイトとして公開されます。

エンドポイント

エンドポイントにブラウザーからアクセスすると、次の図のようにドメイン名だけでアクセスできているのが分かります。

動作確認

　Webサーバー上に存在しないファイル（たとえば、dummy.html）にアクセスしようとした時は、次のようにエラー画面が表示されます。

動作確認

　これで、S3を使ったWebサーバーの構築ができました。

3.3　EC2 を使った Web サーバー構築

　S3を使うとWebサイトを手軽に構築できますが、その分、Webサーバーに対して詳細な設定ができません。そこで、仮想サーバー機能を提供するEC2を使って、Linuxサーバーにオープンソースの Web サーバーである Apache HTTP Serverを手動でインストールして、Webサーバーを構築する手順を説明します。EC2はS3と並ぶAWSの中核サービスですので、ここで基本的な考え方や操作のしかたを知っておくとよいでしょう。

> **URL** EC2公式
> https://aws.amazon.com/jp/documentation/ec2/

3.3.1　Amazon Elastic Compute Cloud（Amazon EC2）とは

Amazon Elastic Compute Cloud（Amazon EC2。以降、EC2）とは、仮想サーバー機能を提供するクラウドサービスです。EC2は、オンプレミスの企業システムでのWindowsサーバーやUnixサーバーに相当します。

オンプレミス環境で、アプリを実行する場合、物理サーバー（サーバー機器）が必要となります。これらの調達には時間や多額の初期費用がかかるだけでなく、どのような規模／種類のサーバーが適しているかを検討し、サーバーのスペックを選ばないといけません。また、物理サーバーを導入するには、空調や電源およびセキュリティが確保された設置場所を用意し、定期的なメンテナンス、場合によってはサーバースペックの増強が必要になります。

EC2は、Amazon Web Servicesのデータセンター内に設置された物理サーバーを、仮想化技術を使ってサービス利用者で共用できるようにしたサービスです。

オンプレミス環境とは異なり、EC2では導入にかかる初期費用は不要です。EC2はインスタンスのスペックと稼働した時間に応じて課金されます。つまり、利用した分だけ、料金を支払えばよいのです。

また、EC2の大きな特徴である**オートスケール機能**を利用することで、要件の変化に合わせて、インスタンスの処理能力を自由に拡張または縮小できます。たとえば「急激にトラフィックが増えたのでサーバー機能を強化したい」という場合にも、インスタンスを自動的に拡張することで、サーバー機能を停止することなく、サービスを提供できます。

> **NOTE** サイジングの難しさ
>
> オートスケールは、仮想化技術をベースにしたクラウドシステムの最大の利点といってもよい機能です。システム基盤の構築でも難易度が高く、深い知識と豊富な経験が必要な工程は、サイジングです。
>
> システムを構築する時は、アプリの負荷を事前に見積もって、必要なサーバーやネットワークの帯域を確保しなければなりません。これをサイジングといいます。当然、サーバーやネットワークのリソースが不足していると、システムダウンの原因になりますし、逆に過剰なリソースは無駄な投資になってしまいます。
>
> クラウドのオートスケール機能により、トラフィックの増減に応じてリソースを増減できるので、インフラ構築上の最大の難点だったサイジングが不要になります。

3.3.2 EC2の基本用語

EC2は、AWSのサービスの中でS3と並んで、最も基本となるサービスです。おさえておきたいAWS用語は次のとおりです。

- インスタンス：1台のサーバー
- EBS（Amazon Elastic Block Store）：サーバーのハードディスクに相当する仮想ディスク
- AMI（Amazon Machine Image）：サーバーにインストールするOSや各種ミドルウェアやアプリのイメージ

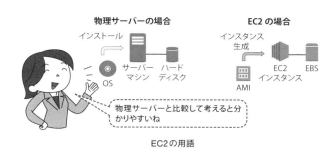

EC2の用語

AMIには、インスタンスを起動するために必要なOS／アプリケーションサーバー／アプリが含まれています。インスタンスから、AMIを作成することもできますし、AMIをもとに新しいインスタンスを生成することもできます。同様の構成のインスタンスを複数作成したい時は、このAMIを使います。

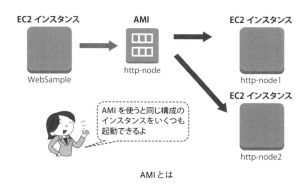

AMIとは

3.3.3 EC2インスタンスの起動

それではEC2を使って、Linuxサーバーを構築し、Webサーバーを動作させる手順を説明します。

1 EC2インスタンスの生成

EC2インスタンスを生成するリージョンを選択します。今回は、東京リージョンを使うので、AWSマネージメントコンソールで①東京リージョンが選択されていることを確認します。東京リージョン以外でインスタンスを起動したい時は、リストからリージョンを選択します。リージョンを選択したら、②AWSマネージメントコンソールから[EC2]を選択します。

EC2のAWSマネージメントコンソール

次に、①EC2メニューの[インスタンス]から②[インスタンスの作成]ボタンをクリックします。

3.3 EC2を使ったWebサーバー構築

インスタンスの生成

2 Amazonマシンイメージ（AMI）の決定

　構築する仮想サーバーのOSを決めます。Red Hat、UbuntuなどのLinuxサーバーやMicrosoft Windows Serverなどを選べます。このOSイメージのことを、AMIと呼びます。AMIは、物理サーバーでいうところの「OSのインストールディスク」と似たものになります。AMIをもとにしてインスタンスを起動できます。

　Amazon Linux AMIは、EC2用のLinuxのイメージで、EC2上で実行するアプリのために、多数のAWS APIツールがインストール済みです。また、Amazon Linux AMIで実行されるすべてのインスタンスに対し、セキュリティとメンテナンスアップデートを継続的に提供しています。

　Amazon Linux AMIでは、追加のパッケージはyumコマンドを使って、パッケージリポジトリを介して自由に追加できます。

URL Amazon Linux AMI
　https://aws.amazon.com/jp/amazon-linux-ami/

　ここでは「Amazon Linux AMI 2016.03.0 (HVM), SSD Volume Type」を選択します。

第3章　Webサーバーの構築

AMIの選択

3 インスタンスタイプの選択

次に、仮想サーバーのスペックを選びます。CPUの速度やメモリ容量、ネットワークの性能などによって利用料金が異なります。仮想サーバーのスペックを、インスタンスタイプと呼びます。

ここでは「t2.micro」を選択します。t2.microは、無料利用枠の対象になっています。

EC2のスペック選定

3.3 EC2を使ったWebサーバー構築

　EC2ではサーバーの用途に応じて、次のインスタンスタイプが提供されています。

- **汎用（T2 ／ M4 ／ M3 インスタンス）**
　CPUを常にフルパワーで使用しないサーバーに適したインスタンスです。開発環境やサンプルコードレポジトリ、トラフィックの低いWebアプリケーションサーバー、小規模データベースなどに適しています。

- **コンピューティング最適化（C4 ／ C3 インスタンス）**
　EC2の中で最も高い性能を誇るプロセッサーを持つインスタンスです。高パフォーマンスのフロントエンドサーバー、Webサーバー、バッチ処理、分散分析、高パフォーマンスな科学／工学への応用、広告サービス、MMOゲーム、ビデオエンコーディングなどに適しています。

- **メモリ最適化（R3 インスタンス）**
　メモリを大量に消費するアプリ用のインスタンスです。高パフォーマンスが必要なデータベース、分散型メモリキャッシュ、SAPやMicrosoft SharePointなどの企業アプリの大規模なデプロイの場合に適しています。

- **GPU インスタンス（G2 インスタンス）**
　グラフィックと汎用的なGPUコンピューティングアプリ向けのインスタンスです。3Dアプリ、ストリーミング、機械学習、動画エンコーディングなどに適しています。

- **ストレージの最適化（I2 インスタンス）**
　高速ランダムI/Oパフォーマンス用のインスタンスです。最適化された高速SSD-backedインスタンスストレージを利用できます。NoSQLデータベース（Cassandra、Mongo）で、トランザクションデータベース、データウェアハウス、Hadoop、クラスターファイルシステムなどに適しています。

　上の分類に加えて、CPUやメモリ、ストレージのスペックによって、インスタンスタイプはさらに細分化されています。汎用インスタンスが提供しているインスタンスタイプの一覧は、次のとおりです。

汎用インスタンスのインスタンスタイプ

タイプ	vCPU	メモリ (GiB)	インスタンスストレージ (GiB)	EBS 最適化利用	ネットワークパフォーマンス
t2.micro	1	1	EBS のみ	—	低から中
t2.small	1	2	EBS のみ	—	低から中
t2.medium	2	4	EBS のみ	—	低から中
t2.large	2	8	EBS のみ	—	低から中
m4.large	2	8	EBS のみ	はい	中
m4.xlarge	4	16	EBS のみ	はい	高
m4.2xlarge	8	32	EBS のみ	はい	高
m4.4xlarge	16	64	EBS のみ	はい	高
m4.10xlarge	40	160	EBS のみ	はい	10 ギガビット
m3.medium	1	3.75	1 x 4 (SSD)	—	中
m3.large	2	7.5	1 x 32 (SSD)	—	中
m3.xlarge	4	15	2 x 40 (SSD)	はい	高
m3.2xlarge	8	30	2 x 80 (SSD)	はい	高

その他のインスタンスタイプについては、以下を参照してください。

URL EC2のインスタンス
https://aws.amazon.com/jp/ec2/instance-types/

EC2は、インスタンスタイプや稼働するリージョン、稼働するAMIによって、利用料金が異なります。

URL EC2の料金
https://aws.amazon.com/jp/ec2/pricing/

4 インスタンスの詳細の設定

次に、インスタンスの詳細を設定します。ここでは、インスタンスの数やネットワーク構成などを設定します。

3.3 EC2を使ったWebサーバー構築

インスタンスの詳細の設定

設定できる項目は以下のとおりです。

インスタンスの詳細の設定

項目	説明
インスタンス数	作成するインスタンスの数
購入のオプション	スポットインスタンスとしての購入
ネットワーク	Amazon Virtual Private Cloud（VPC）の作成と独自のIPアドレス範囲の選択、サブネットの作成、ルートテーブルおよびネットワークゲートウェイの設定（5.3.3項）
サブネット	VPCのIPアドレスのサブネットマスク（5.3.3項）
自動割り当てパブリックIP	インターネットからアクセスできるようにするかどうか
IAMロール	IAMによる権限設定
シャットダウン動作	OSレベルのシャットダウンが実行された時のインスタンスの動作を指定
削除保護の有効化	インスタンスを誤って削除しないように保護するかどうか
モニタリング	Amazon CloudWatchを使って、インスタンスの稼働監視を行う
テナンシー	インスタンスをシングルテナントの専用ハードウェアで実行するかどうか
ユーザーデータ	インスタンスを設定するユーザーデータまたは設定スクリプトを実行するユーザーデータを指定

今回は、既定のままで［ストレージの追加］ボタンをクリックします。

5 ストレージの追加

EC2のハードディスクに相当するEBSのサイズを決めます。今回は①既定の8GiBのままで、②[インスタンスのタグ付け]ボタンをクリックします。

ストレージの追加

6 インスタンスのタグ付け

EC2のサーバーを管理しやすいように分かりやすいタグを付けます。通常はサーバーの名前などを付けておくと、管理がしやすくなります。今回は①「Name」タグ（キー）に「WebSample」という値を設定します。タグの設定ができたら、②[セキュリティグループの設定]ボタンをクリックします。

タグの設定

7 セキュリティグループの設定

EC2のサーバーに対してセキュリティの設定をします。セキュリティグループとは、EC2インスタンスにアクセスできるポート番号やアドレスを設定できるファイアーウォール機能のことです（5.3.5項）。

セキュリティグループの設定

ここでは、以下のように設定します。

セキュリティグループの設定

項目	設定値
①セキュリティグループの割り当て	新しいセキュリティグループを作成する
②セキュリティグループ名	WebSample
②説明	WebServer Group（英数字とスペースと._-:/ () #,@ [] +=&;{}!$* だけを使用可）

新しいルールを追加するには、③ [ルールの追加] ボタンをクリックします。今回はHTTPサーバーを作成するので、以下の表のように、SSH（ポート番号22）とHTTP（ポート番号80）を許可します。設定できたら、④ [確認と作成] ボタンをクリックします。

ポートの許可

タイプ	プロトコル	ポート範囲	送信元	
SSH	TCP	22	任意の場所	0.0.0.0/0
HTTP	TCP	80	任意の場所	0.0.0.0/0

8 動作確認

インスタンス生成の確認画面が表示されるので、内容に問題がなければ [作成] ボタンをクリックします。

EC2インスタンスの作成

EC2インスタンスを生成すると、アクセスキーを選択するダイアログが表示されます。

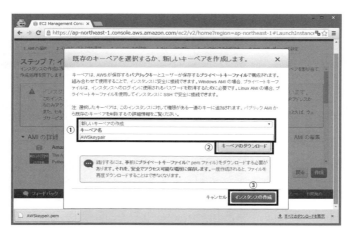

キーペアのダウンロード

「新しいキーペアの作成」を選択し、①[キーペア名]に「AWSkeypair」と入力します。ここで②[キーペアのダウンロード]ボタンをクリックすると、

「AWSkeypair」という名前のキーペアが生成されます。キーペアをダウンロードしたら、③［インスタンスの作成］ボタンをクリックします。

ここで生成したキーは、EC2のサーバーにアクセスする際に必要になります。AWSではEC2にアクセスする時、公開鍵暗号化方式を使って認証します。**ダウンロードした秘密鍵は、なくさないよう厳重に保管してください**。EC2に2回目以降にアクセスする時は、今回作成した公開鍵／秘密鍵のペアを使います。インスタンスが生成されるまでに数分かかります。

インスタンスの作成ステータス

インスタンスが生成されたら、その状態を確認してみましょう。

EC2メニューの①［インスタンス］を選択すると、インスタンスの稼働状況を確認できます。生成したインスタンスには、②固有のインスタンスIDが設定されます。インスタンスの状態が③「running」になっていれば、インスタンスが稼働しています。

第3章　Webサーバーの構築

インスタンスの状態確認

これで、EC2インスタンスの起動が完了しました。

オンプレミス環境での物理サーバーでいうところの、サーバー機器の選定→発注→納品→設置工事→ハードウェアセットアップ→OSインストール→OSセットアップまでが、一気に完了したことになります。

3.3.4　EC2インスタンスの状態確認

EC2のインスタンスは、次の状態を持ちます。

まず、AMIからインスタンスを生成すると、「pending」という状態に変わります。インスタンスの起動が完了すると、「running」状態になります。これはインスタンスが正常に稼働している状態です。インスタンスを再起動する時は「rebooting」から「running」、インスタンスをいったん停止して再び起動する時は、「stopping」から「stopped」を経て「pending」から「running」に遷移します。

インスタンスを削除する時は、「shutting-down」から「terminated」の状態に遷移します。

3.3 EC2 を使った Web サーバー構築

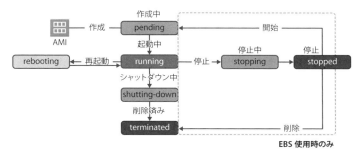

EC2の状態遷移

　作成したEC2インスタンスの状態は、マネージメントコンソールから確認できます。インターネットに公開されている時は、①パブリックDNSが割り当てられます。

インスタンスの確認

　②[説明]タブを選択すると、詳細が表示されます。主な確認項目は次のとおりです。

インスタンスの詳細

項目	説明	値の例
インスタンスID	インスタンスに自動で割り振られたID	i-e1908344
インスタンスの状態	インスタンスの状態	pending：作成中／running：正常起動／stopped：停止／terminated：破棄
インスタンスタイプ	インスタンスのタイプ	t2.micro（低スペックマシン）〜 m4.xlarge（高スペックマシン）など

項目	説明	値の例
プライベートDNS	プライベートネットワークからアクセスする時のURL	ip-172-31-14-45.ap-northeast-1.compute.internal
プライベートIP	プライベートネットワークからアクセスする時のプライベートIPアドレス	172.31.14.45
ネットワークインターフェイス	インスタンスのネットワーク構成の詳細	eth0
ルートデバイスタイプ	インスタンスに対応付けられているEBSの詳細	ebs
パブリックDNS	インターネットからアクセスする時のURL	ec2-52-193-46-221.ap-northeast-1.compute.amazonaws.com
パブリックIP	インターネットからアクセスする時のグローバルIPアドレス	52.193.46.221
アベイラビリティゾーン	アベイラビリティゾーン	ap-northeast-1a（東京リージョンの場合、いくつかのアベイラビリティゾーンがある）
セキュリティグループ	インスタンスへのセキュリティ設定	適用した他セキュリティグループの名前。［ルールの表示］をクリックすると設定内容が確認できる
キーペア名	インスタンスにアクセスする時の秘密鍵／公開鍵の名前	AWSkeypair

インスタンスの負荷を見る時は①［モニタリング］タブをクリックします。②CPUやディスク／ネットワークの使用率が分かります。

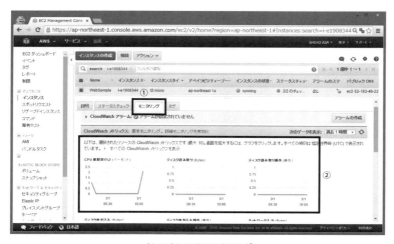

インスタンスのモニタリング

3.3.5 Webサーバーのインストール

EC2のインスタンスが起動しましたので、このインスタンスにパソコンからリモートアクセスして、Webサーバーをインストールしていきます。

EC2のインスタンスをリモートで操作する時は、ターミナルエミュレータをインストールします。本書では、TeraTermというフリーソフトを使用します。

URL TeraTermダウンロードサイト
https://osdn.jp/projects/ttssh2/

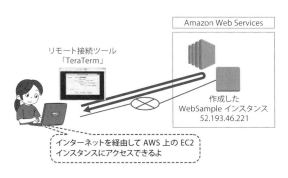

EC2インスタンスへのリモートアクセス

それでは、EC2にWebサーバーをインストールする手順を説明していきます。

1 EC2へのリモート接続

TeraTermを起動すると、次の画面が表示されます。

TeraTermの設定

ここで①［ホスト］に、接続したいEC2インスタンスのパブリックIPまたはパブリックDNSを指定して②［OK］ボタンをクリックします。次のセキュリティの警告が出ますが、そのまま［続行］ボタンをクリックします。

TeraTermのセキュリティ警告

▼

EC2へのSSH認証の設定

認証画面が表示されたら、以下を設定し、③［OK］ボタンをクリックします。

- ①ログイン名：ec2-user
- ②RSA/DSA/ECDSA/ED25519鍵を使う：秘密鍵にEC2インスタンスを生成した時にダウンロードしたアクセスキーのファイルを指定（AWSKeypair.pem）

ここで、秘密鍵を選択するダイアログで、ファイル名を①［すべてのファイル（*.*）］にしないと②拡張子が.pemのファイルが表示されないので注意してください。

3.3 EC2を使ったWebサーバー構築

秘密鍵の選択

> **NOTE　キーファイルの管理**
>
> EC2のインスタンスにアクセスするための秘密鍵のキーファイルは厳重に管理してください。紛失してしまうと、不正アクセスに利用されてしまう恐れがあります。

正しく接続されると、以下のようなEC2のインスタンスを操作するコンソールが開きます。

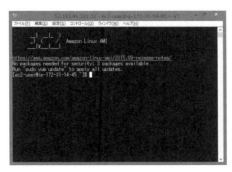

EC2インスタンスのコンソール

2 Webサーバーのインストール

それでは、Webサーバーを構築するために、Apache HTTP Serverをインストールします。Amazon Linux AMIを利用した場合、パッケージ管理システムのインストールにyumが使えます。

パッケージ管理システム

パッケージ管理システムとは、アプリのインストールとアンインストール、アプリやライブラリの依存関係をまとめて管理するシステムです。依存関係とは、あるアプリを動かすために、別のアプリが必要となる関係をいいます。
Linuxには、いくつかのパッケージ管理システムがあります。代表的なパッケージ管理システムは次のとおりです。

- **yum（Yellowdog Updater Modified）**
  yumはCentOSやFedoraなどのRed Hat系ディストリビューションで利用できるパッケージ管理システムです。リポジトリからパッケージをダウンロードし、インストール、アンインストール、アップデートができます。
  また、パッケージの依存関係を確認し、関連するパッケージも自動でインストールできます。最新のパッケージをインストールしたい時などは、OSのリポジトリだけでなく、EPELやRemiなどの外部リポジトリも利用できます。

- **APT（Advanced Packaging Tool）**
  APTは、DebianやUbuntuなどのDebian系ディストリビューションで利用できるパッケージ管理システムです。yumと同様にリポジトリからパッケージをダウンロードし、依存関係も含めてまとめて管理できます。aptコマンドを使ってパッケージを操作します。

それでは、次のコマンドでyumをアップデートします。

リスト yumのアップデート
```
$ sudo yum -y update
```

インストールに成功すると、「Complete!」というメッセージが表示されます。
次に、Apache HTTP Server（httpd）をインストールします。

リスト httpdのインストール
```
$ sudo yum install -y httpd
```

依存関係があるパッケージやライブラリもあわせてインストールされます。インストールに成功すると、「Complete!」と表示されます。
次のコマンドで、httpdを起動します。

3.3 EC2を使ったWebサーバー構築

> **リスト** httpdの起動

```
$ sudo service httpd start
Starting            httpd: [ OK ]
```

3 動作確認

起動に成功すると、httpdのStartingステータスが[OK]と表示されます。

これで、EC2インスタンス上でWebサーバーが構築されましたので、動作確認をします。

パソコンのブラウザーからEC2インスタンスのPublic IPまたはPublic DNSにアクセスします。下記のようなApache HTTP Serverの既定画面が表示されれば、Webサーバーは正しく構築できています。

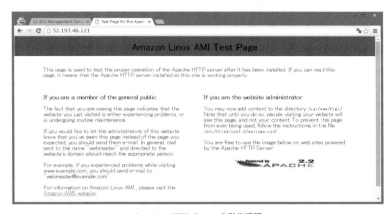

Apache HTTP Serverの動作確認

4 自動起動の設定

serviceコマンドでhttpdを起動した時は、インスタンスを停止または再起動した時、httpdも停止されます。そのため、インスタンス起動時にhttpdを自動起動させるように設定します。

まず、httpdが自動起動するかどうかの設定を確認します。

> **リスト** httpdの自動起動を確認

```
$ sudo chkconfig --list httpd
httpd     0:off  1:off  2:off  3:off  4:off  5:off  6:off
```

chkconfigコマンドを実行すると、サービス名の後ろにOSのランレベルごとの

サービスのon／offの状態が表示されます。たとえば、「ランレベルが0つまりインスタンス停止の時は、httpdをoffにする」という意味です。

Linuxでのランレベルの意味は以下のとおりです。

ランレベル

ランレベル	説明
0	インスタンス停止
1	シングルユーザーモード（rootのみログインできる）
2	ネットワーク通信なしのマルチユーザーモード
3	マルチユーザーモード（通常の起動状態）
4	未使用
5	グラフィカルユーザーインターフェイスが起動する状態
6	インスタンス再起動

httpdを自動起動するため、次のコマンドを実行します。

リスト httpdの自動起動を設定
```
$ sudo chkconfig httpd on
```

次のコマンドを実行し、自動起動できたかどうかを確認します。ランレベル2からランレベル5までがONになっているのがわかります。

リスト httpdの自動起動を設定の確認
```
$ sudo chkconfig --list httpd
httpd    0:off   1:off   2:on   3:on   4:on   5:on   6:off
```

これで、EC2のインスタンスを停止／起動または再起動してもhttpdが自動で起動されるようになります。

自動起動しないようにするには、次のコマンドを実行します。

リスト httpdの自動起動設定の解除
```
$ sudo chkconfig httpd off
```

3.3.6 Webコンテンツのアップロードと動作確認

Webサーバーを構築できたので、次はWebコンテンツをアップロードします。TeraTermでは、SCPを使ってファイルをアップロードします。

3.3 EC2を使ったWebサーバー構築

SCP

　SCP（Secure Copy）は、SSHの機能を使ってセキュアにファイル転送するコマンドです。SCPで使用される通信プロトコルは、Secure Copy Protocol（SCP）と呼ばれています。認証情報とセッション中でやりとりされるデータが暗号化されて、ネットワーク上を流れます。

❶ EC2へのファイルのアップロード

　［ファイル］-［SSH SCP］を選択し、ダイアログの①［From］テキストフィールドでファイルを指定します。ここでは、パソコンのデスクトップにindex.htmlというファイルを用意し、アップロードします。

ファイルのアップロード

　サンプルは、ダウンロードサンプルから/aws-ec2-sampleフォルダー配下のものを利用してください。

```
aws-ec2-sample
└ index.html
```
サンプルファイルの配置場所

　②［send］ボタンをクリックすると、デスクトップに保存したindex.htmlがEC2インスタンスのホームディレクトリ（/home/ec2-user/index.html）にアップロードされます。
　アップロードされたかどうかは、TeraTermから以下のコマンドで確認できます。

リスト ファイルの確認
```
$ pwd   … カレントディレクトリの確認
/home/ec2-user
$ ls    … ファイルの確認
index.html
```

続いて、以下のコマンドを実行して、アップロードしたファイルを、Apache HTTP Serverの既定の公開フォルダーである/var/www/htmlにコピーします。/var/www/htmlへのコピーは管理者権限で行います。管理者権限でコピーする時は、sudoコマンドを付けます。

リスト HTTPコンテンツのコピー

```
$ sudo cp /home/ec2-user/index.html /var/www/html/
```

2 動作確認

ブラウザーから、EC2のインスタンスのパブリックDNSまたはパブリックIPにアクセスし、アップロードしたファイルが公開されているかを確認します。

ファイルのアップロードの動作確認

これで、Amazon EC2を使ったWebサーバーの構築が完了しました。EC2はクラウド上の仮想インスタンスですが、リモートログインが可能で、OSレベルの設定変更ができるので、オンプレミス環境のLinuxサーバーと同じように扱えます。

3.3.7　EC2インスタンスの開始／停止／再起動／削除

オンプレミスの物理サーバーではサーバーの開始／停止／再起動はコマンドや電源ボタンなどで操作しますが、EC2のインスタンスはAWSマネージメントコンソールから操作します。ここでは、EC2インスタンスの起動や停止などの操作を説明します。

3.3 EC2を使ったWebサーバー構築

インスタンスを操作するには、操作したいインスタンスを選択した状態で、①［アクション］メニューの中から②［インスタンスの状態］-［開始］／［停止］／［再起動］／［削除］を選択します。

インスタンスの起動

EC2は稼働している間、課金されるので、利用しないインスタンスは停止しておくとよいでしょう。また、EBSは利用した容量に関係なく、サイズによって課金されます。インスタンスが不要になった時は、すみやかに破棄することをお勧めします。

なお、インスタンスを起動し直したい時は、起動中のインスタンスを再起動する方法と、起動中のインスタンスをいったん停止し新たに起動する方法があります。実は、この2つの方法では、実行するホストマシンとインスタンスに付与されるIPアドレスが異なります。

再起動と停止／起動の違い

特徴	再起動	停止／起動
サーバーの起動	同じホストマシンで起動	新しいホストマシンで起動
プライベートIPアドレス／グローバルIPアドレス	同じ	新しいアドレス

図で表すと次のようになります。

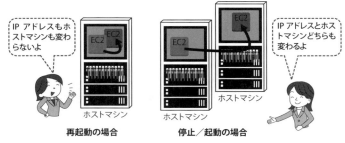

再起動と停止／起動の違い

　起動しているインスタンスを停止し、新たに起動した時は、稼働しているホストとIPアドレスが変わってしまうので、本番環境でサーバー用途として利用する時は気を付けてください。

3.4　ELBを使った負荷分散

　前節までは、AWSを使ってWebサイトを構築する手順を説明しました。しかし、ただ構築するだけでは不十分です。企業のホームページなどは、24時間365日稼働しつづけなければなりません。また、急激に大きな負荷がかかってもWebサーバーが停止しないようにしなければなりません。

　システムが継続して稼動できる能力のことを**可用性**と言います。可用性が高いシステムをつくるための代表的な技術要素に**冗長化**があります。システムの冗長化とは、予備の装置を準備して万が一障害が発生しても、システム全体を停止させないようにする技術要素のことです。

　ただし、予備系のサーバーを利用せずにただ保有しておくだけでは、無駄になります。そのため、システムの可用性の向上と処理速度向上を同時に行う技術として**負荷分散**があります。負荷分散は、サーバーの処理を複数の機器に割り振ることで、特定の機器に負荷が集中するのを防げます。アプリケーションサーバーなど、トラフィックが集中する箇所などでよく利用されている技術です。

　ここでは、AWSが提供する負荷分散（ロードバランサー）機能であるELBを使い、Webサーバーに障害が発生しても、システム全体が停止しないしくみを構築する手順を説明します。

> **URL** ELB公式
> https://aws.amazon.com/jp/documentation/elasticloadbalancing/

3.4.1 カスタムAMIによるEC2インスタンスの生成

同じ構成のWebサーバーを並列に複数台稼働させて、負荷分散させる方法を**スケールアウト**と呼びます。その際、サーバーを1台ずつエンジニアが手動で設定していると、大変な手間になります。

また、手間がかかるだけならまだしも、途中で設定を間違ってしまうかもしれません。100台のなかに設定を間違ったサーバーが含まれていれば、当然システムは正しく動作しません。

AWSでは、同じ構成のEC2インスタンスを複数生成する機能があります。OSも含めたEC2インスタンスのフルバックアップのことを**カスタムAMI**と呼び、それをもとに複数のEC2インスタンスを起動できます。

以下では、カスタムAMIを作成し、カスタムAMIをもとに同じ構成のEC2インスタンスを複数起動する手順を説明します。

1 カスタムAMIの作成

AWSマネージメントコンソールでAMIを取得したいEC2インスタンスを選択し、いったん停止します。そして、右クリックメニューの［イメージ］-［イメージの作成］をクリックします。

AMIの作成

▼

第3章 Webサーバーの構築

カスタムAMIの作成

　表示されたダイアログの①［イメージ名］フィールドに、任意の名前を設定します。イメージ名は127文字まで入力可能です。ここでは「http-node」と入力します。いったん作成したイメージ名は、後からは変更できません。②［説明］フィールドには、イメージの任意の説明を入力します。最大255文字まで入力できます。ただし、日本語は入力できません。

　EBSはオンプレミス環境のサーバーでの外付けストレージのようなものです。EC2でデータを保存できるEBSのボリュームタイプには、以下のような設定が可能です。

インスタンスボリュームの設定

項目	説明		
ボリュームタイプ	インスタンスボリュームの種類		
デバイス	ボリュームの使用可能なデバイス名		
スナップショット	S3に保存されたEC2ボリュームのバックアップ		
サイズ(GiB)	ボリュームのサイズ。プロビジョンドIOPS(SSD)ボリュームのサイズは4GiB以上を指定		
ボリュームタイプ	ボリュームの種類		
	種類	説明	
	汎用(SSD)	1GiBあたり3IOPSのパフォーマンスを持つストレージ(IOPSとは、1秒間に読み書きできる回数の単位)	
	プロビジョンドIOPS(SSD)	4000IOPSまでのパフォーマンスを任意で指定できるストレージ。読み書きが頻繁に行われる場合に利用	
	マグネティック	磁気ディスクによるストレージ。SSDに比べると安価で利用可能	
IOPS	ボリュームでサポートされる1秒間あたりのI/O操作回数		
合わせて削除	インスタンスが削除された時にEBSボリュームを自動的に削除するかどうか		
暗号化済み	AES-256アルゴリズムで暗号化するかどうか		

設定が完了したら、③[イメージの作成]ボタンをクリックします。

AMIの作成完了

AMIが作成できているかを確認するには、AWSマネージメントコンソールのメニューから①[AMI]を選択します。②生成されたAMIが一覧で表示されます。

カスタムAMIの確認

2 カスタムAMIからEC2インスタンスの起動

作成したAMIから2つの新しいEC2インスタンスを生成します。

AMIからインスタンスを生成する時は、もとになるAMIを右クリックし、表示されたコンテキストメニューから[作成]をクリックします。今回は、作成した「http-node」というAMIをもとに新しいインスタンスを生成します。

AMIからEC2インスタンスの生成

　インスタンス作成の手順は、3.3.3項のEC2インスタンスを新規で作成した時と同じ手順です。ここでは、負荷分散の確認をするため、EC2インスタンスのNameタグが「http-node1」と「http-node2」のインスタンスを作成してください。
　これで、カスタムAMIから構成が同じEC2インスタンスを稼働できました。

3 動作確認

　ロードバランサーにより負荷分散する時は、通常、サーバーを同じ構成にするのが定石です。しかしながら今回は動作確認のため、index.htmlを一部変更します。
　作成したインスタンスにTeraTermでそれぞれリモートログインして、http-node1／http-node2インスタンスの/var/www/html/index.htmlを、以下のように書き換えます。

リスト index.htmlの修正（変更前）

```
<div class="jumbotron">
<h2>Hello, Amazon Web Services!</h2>
    <p>EC2でかんたんにWebサイトが構築できました</p>
</div>
```

▼

リスト index.htmlの修正（変更後）

```
<div class="jumbotron">
<h2>Hello, Amazon Web Services!</h2>
    <p>EC2でかんたんにWebサイトが構築できました</p>
    <p>あなたは今http-node1を見ています</p>   …この行を追加
</div>
```

http-node2は「<p>あなたは今http-node2を見ています</p>」とテキストを書き換え、動作確認時に判別できるようにしてください。

2つのインスタンスを生成できたら、ブラウザーからhttp-node1とhttp-node2のそれぞれのパブリックIP、またはパブリックDNSにアクセスして、Webサーバーが動作しているかを確認してください。

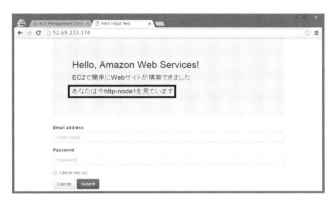

http-node1の動作確認

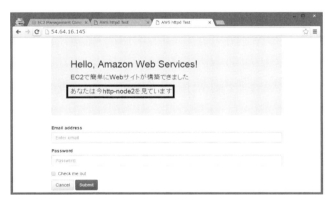

http-node2の動作確認

3.4.2　ELBによる負荷分散システム構築

それでは、いよいよ作成した2つのEC2インスタンス「http-node1」と「http-node2」の2台で負荷分散させる手順について説明します。

AWSではロードバランサーで負荷分散するサービスを**ELB**（Elastic Load

Balancer）が提供しています。ここでは、次の図のような構成のWebサーバーを構築します。

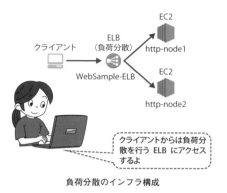

負荷分散のインフラ構成

1 ロードバランサーの作成

まず、作成した2台のEC2インスタンス［http-node1］と［http-node2］を両方とも起動します。

ロードバランサーであるELBを設定するには、EC2メニューの①［ロードバランサー］をクリックし、②［ロードバランサーの作成］ボタンをクリックします。

ロードバランサーの作成

2 ロードバランサーの定義

ロードバランサーの基本情報を定義します。

3.4 ELBを使った負荷分散

ロードバランサーの定義

まず、①[ロードバランサー名]を「http-ELB」とします。指定できる文字は、英大文字小文字とハイフンのみです。②ロードバランサーのネットワークが「デフォルト VPC」になっていることを確認し、③[セキュリティグループの割り当て]ボタンをクリックします。

3 セキュリティグループの割り当て

次に、ロードバランサーのセキュリティグループを設定します。

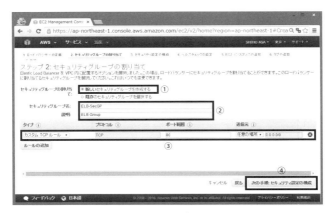

セキュリティグループの割り当て

ここでは、新しくセキュリティグループ作成するため、①［セキュリティグループの割り当て］で［新しいセキュリティグループを作成する］を選択します。②［セキュリティグループ名］を［ELB-SecGP］として、③HTTP（ポート80）を許可するようにルールを設定します。

設定が完了したら、④［セキュリティ設定の構成］ボタンをクリックします。

4 セキュリティ設定の構成

ELBではSSL証明書をインストールすることで、HTTPS通信が有効になります。ここでは、HTTPのみの通信にしているため［ヘルスチェックの設定］ボタンをクリックします。

セキュリティ設定の構成

5 ヘルスチェックの設定

次に、ロードバランサーで実施するヘルスチェックの設定をします。ヘルスチェックとは、サーバーが正常かどうかを確認することです。ヘルスチェックの詳細については、第7章を参照してください。

3.4 ELBを使った負荷分散

ELBのヘルスチェック設定

設定項目は、次のとおりです。

ヘルスチェックの設定項目

設定項目	説明
pingプロトコル	ヘルスチェックを行うプロトコル（HTTP／TCP／HTTPS／SSLを選択可能）
pingポート	ヘルスチェックを行うポート番号を指定
pingパス	どのファイルに対してヘルスチェックを行うかを設定
応答タイムアウト	ヘルスチェックからの応答を受信した時の処理待ち時間で、設定した時間を過ぎた場合は処理を中断
ヘルスチェック間隔	ヘルスチェックを行う間隔
非正常のしきい値	インスタンスが「異常」という判断するまでに行うヘルスチェックの回数。たまたまタイミングが悪く、応答を返せなかったということもあるので、何回か連続して応答がなかったらインスタンスの異常と判断
正常のしきい値	インスタンスが「正常」という判断するまでに実施するヘルスチェックの回数

今回は既定のままで [EC2インスタンスの追加] ボタンをクリックします。

6 EC2インスタンスの追加

次に、負荷分散する対象のEC2インスタンスを選択します。

EC2インスタンスの追加

「http-node1」と「http-node2」の2台で負荷分散させたいので、この2台を選択します。確認画面が表示されるので、①http-node1とhttp-node2がチェックされていることを確認して、②［タグの追加］ボタンをクリックします。

なお、ELBでは「クロスゾーン負荷分散の有効化」にチェックを入れると、アベイラビリティゾーン（2.3.2項）をまたいでEC2インスタンスへ処理を分散できます。これにより、アベイラビリティゾーン自体で障害が発生した時もサービス停止を防ぐことができます。

7 タグの追加

作成するELBに分かりやすい任意の名前を付けておきます。

タグの追加

ここでは、①「Name」という名前のキーのタグを「WebSample-ELB」と設定します。入力できたら、②［確認と作成］ボタンをクリックします。

8 ロードバランサーの作成

設定に間違いがないか、確認します。問題がないようであれば［作成］ボタンをクリックします。

確認

これで、ロードバランサーの設定ができました。作成が完了すると、次の画面が表示されます。

ロードバランサー作成ステータス

3.4.3　ELBの動作確認

それでは、作成したELBの動作を確認します。ELBの稼働状況を確認するには、①EC2メニューの［ロードバランサー］を選択します。

ロードバランサーで管理されているEC2インスタンスの稼働状況を確認するためには、②［インスタンス］タブをクリックします。

ELBのインスタンス動作確認の例

ELBからEC2のインスタンスにアクセスできる状態の時は、［インスタンス］タブの③［ステータス］が［InService］になっています。これは、ELBがヘルスチェックを行って、EC2インスタンスが正しく応答を返した状態であることを表しています。逆に、EC2インスタンスが正しい応答を返さなかった時は、［ステータス］が［OutOfService］になります。上の図では、

- http-node1：インスタンスが応答を返さなかった
- http-node2：インスタンスが応答を返した

という状態であることがわかります。

なお、インスタンスがELBから利用できるまでに、しばらく時間がかかる場合があります。2台ともEC2のインスタンスが［InService］状態になったら、ELBにアクセスします。

ELBの［説明］タブをクリックし、ELBに割り当てられている［DNS名］を確認します。

ELBのDNS名確認

このURLにブラウザーから複数回アクセスしてみてください。アクセスするタイミングによって、http-node1とhttp-node2にリクエストが振り分けられているのが分かります。

このように容易に負荷分散システムを構築できるというのは、クラウド導入の大きなメリットの1つです。

今回は、2台のサーバーを使って負荷分散する構成を構築しましたが、台数が増えた時も同じ手順でインフラを構築できます。

また、セキュリティの構成については、今回の手順ではインターネットから直接Webサーバーの80番ポートへアクセスできる設定になっています。しかし、ELBを導入する場合であれば、Webサーバーに対するアクセスをELBからだけに限定にした方が、よりセキュアになるでしょう (5.3.7項)。

3.5 Elastic IP を使った独自ドメインでのサイト運用

Webサーバーとして常時稼働しておくインスタンスは、固定のIPアドレスを割り当てる必要があります。ここでは、EC2インスタンスに固定IPアドレスを割り当てる手順と、独自のドメイン名に設定する手順を説明します。

URL Elastic IP公式サイト

http://docs.aws.amazon.com/ja_jp/AWSEC2/latest/UserGuide/elastic-ip-addresses-eip.html

> **URL** Route 53公式サイト
> https://aws.amazon.com/jp/documentation/route53/

3.5.1 固定IPアドレス（Elastic IP）の割り当て

EC2は、既定でインスタンスを起動すると、インターネットから接続する時の接続先となる、パブリックIPアドレスとパブリックホスト名が割り当てられます。しかし、インスタンスを停止し、ふたたび起動するとインスタンスのアドレスは変更されてしまいます。

そこでインスタンスに**Elastic IP**を割り当てることで、常に固定のIPアドレスを利用できます。Elastic IPを利用することで、AWSのアカウントに対して静的なIPアドレスが付与されるようになります。

それでは、Elastic IPを割り当てる手順を説明します。

1 Elastic IPの設定

AWSマネージメントコンソールから［EC2］を起動し、EC2メニューの［Elastic IP］を選択します。

Elastic IPの設定

2 アドレスの割り当て

ここで①［新しいアドレスの割り当て］ボタンをクリックします。確認するためのダイアログが表示されるので、②［関連付ける］ボタンをクリックします。

3.5 Elastic IPを使った独自ドメインでのサイト運用

新しいアドレスの割り当ての確認

すると、Elastic IPが割り当てられます。これで、AWSのアカウントに固定のIPアドレス（例：52.193.250.42）が付与されました。

新しいアドレスの割り当て

3 アドレスの関連付け

次に、Elastic IPにアドレスを紐づけるため、［アクション］-［アドレスの関連付け］を選択します。

▼

アドレスの関連付け

　Elastic IPは、EC2インスタンスに割り当てることができます。今回は、①「WebSample（例：i-e1908344）」というEC2インスタンスに割り当てます。［インスタンス］項目に割り当てたいEC2インスタンスのインスタンスIDを指定して、②［関連付ける］ボタンをクリックします。

　これで、「WebSample（i-e1908344）」というEC2インスタンスにElastic IPである52.193.250.42が割り当てられました。

3.5 Elastic IPを使った独自ドメインでのサイト運用

Elastic IPの確認

4 動作確認

　動作確認のため、ElasticIPを割り当てるWebSampleインスタンスを起動してください。起動できたら、ブラウザーからElastic IP（52.193.250.42）に対してアクセスします。Webサーバーが起動しているのが確認できます。

動作確認

　ここで、割り当てられているEC2インスタンス（WebSample）をいったん停止します。その後、インスタンスを再度起動しても、Elastic IPにアクセスすることでWebサーバーへの接続が確認できます。

　このように、Elastic IPを使って、かんたんにサーバーに固定アドレスを割り当てることができました。

Elastic IPアドレスの制限

Elastic IPは、1つのAWSアカウントで最大5つまでに制限されています。これは、IPv4のパブリックインターネットアドレスの数に限りがあるためです。

3.5.2　Route 53によるDNSサーバー設定

　Amazon Route 53は、ドメインネームシステム（DNS）のさまざまな機能を提供するサービスです。Amazon Route 53には、主に以下の3つの機能があります。

- **ドメインの登録**

　Amazon Route 53はドメイン名を購入および管理できます。ドメイン名の登録申請を受け付ける組織をレジストラと呼びます。

- **ドメインネームシステム（DNS）サービス**

　Amazon Route 53は、www.example.comのようなドメイン名を192.0.2.1のようなIPアドレスに変換します。

- **ヘルスチェック**

　Amazon Route 53は、リクエストをアプリに送ってヘルスチェックできます。DNSフェールオーバー機能は、障害が発生しているサーバーがあれば、別の正常動作しているサーバーにフェールオーバーさせることができます。

　ここでは、この3つの機能のうち、DNSサービスを使って、企業が所有するドメイン名とEC2インスタンスのElastic IPを変換し、EC2インスタンスに対して独自のドメイン名でアクセスするための手順を説明します。

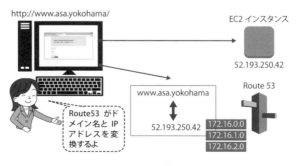

Route 53の概要

1 Route 53 の起動

AWSマネージメントコンソールから［Route 53］を起動します。

Route 53のコンソール

次に、DNSサーバーを設定するため、［DNS Management］の［Get started now］をクリックします。

DNS Managementの選択

ドメインを登録するホストゾーンを設定するため、Route 53メニューの①［Hosted zones］を選択し、②［Create Hosted Zone］をクリックします。

ホストゾーンの作成

▼

ドメイン名の指定

　以下の表は、asa.yokohamaという名前のドメインを管理するためのホストゾーンを作成する例です。以降の手順では、**ドメイン名やコメントは、取得しているドメイン名にあわせて任意の値に読み替えてください**。設定ができたら、③［Create］ボタンをクリックします。

ドメインの設定

項目	説明	設定例
①Domain Name	ドメイン名	asa.yokohama
②Comment	ドメインの説明	ASA Domain

ホストゾーンの作成が完了すると、自動的にドメインのNSレコードとSOAレコードが設定されます。NSレコードはドメインのネームサーバー、SOAレコードはDNSサーバーの動作を決めるための基本情報を表すレコードです（3.1.4項）。

2 レコード設定

次に具体的なレコードを設定します。レコードとは、DNSサーバーでIPアドレスとホスト名を紐づけるためのエントリーのことです。

Aレコードの登録

レコードを作成するため、①［Create Record Set］ボタンをクリックします。ここで②「www.asa.yokohama」というホスト名に④52.193.250.42を対応付けるため、③正引き用のAレコードに登録します。

なお、割り当てる52.193.250.42は、EC2インスタンスのElastic IPです。入力が完了したら、⑤［Create］ボタンをクリックします。

同様の手順で、逆引き用のPTRレコードも登録します。登録が完了したら、次の図のように、AレコードとPTRレコードが追加されています。

登録したレコードの確認

3 レジストラへの登録

　Route 53で登録したドメインのネームサーバーを、レジストラ（3.1.4項）のネームサーバーに指定します。たとえば、今回のホストゾーンに設定されたNSレコードの4つのネームサーバーを登録します。

　　ns-1277.awsdns-31.org
　　ns-948.awsdns-54.net
　　ns-1917.awsdns-47.co.uk
　　ns-277.awsdns-34.com

　DNSサーバーを構築してからドメインが反映されるまで、しばらくの時間がかかります。

4 動作確認

　動作確認のため、ドメイン名に対応付けた52.193.250.42のEC2インスタンスで、Webサーバーを起動します。
　インスタンスが起動したら、ブラウザーから「www.asa.yokohama」に対してアクセスします。以下の図のようにアクセスできたら、Route 53でのドメインの管理が成功しています。

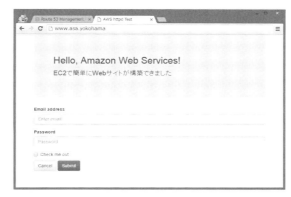

動作確認

3.6 CloudFront を使ったデータ配信

Webサイトのなかには、容量の大きな画像データや動画などのストリーミングデータを配信するものもあります。ここでは、これらの大容量のデータを全世界に効率よく配信するため、CloudFrontを使ったWebサイトの構築手順を見ていきましょう。

> **URL** CloudFront公式
> http://docs.aws.amazon.com/ja_jp/AmazonCloudFront/latest/DeveloperGuide/Introduction.html

3.6.1 CloudFrontとは

Amazon CloudFrontはコンテンツ配信のためのWebサービスです。CloudFrontは、Webコンテンツ（HTMLファイル／CSSファイル／JavaScriptファイル／画像ファイル／動画ファイルなど）を、**エッジロケーション**と呼ばれているネットワークを経由して配信します。

エッジロケーションとは、CloudFrontやRoute 53を提供するためのデータセンターで、日本国内には、東京に2箇所、大阪に1箇所あります。クライアントがCloudFrontでWebコンテンツにアクセスすると、エッジロケーションに転送されます。Webコンテンツがエッジロケーションに存在する時は、CloudFrontはWebコンテンツをすぐに配信します。コンテンツがエッジロケーションにない時は、CloudFrontは、Amazon S3バケットやEC2で動作するWebサーバーからコ

ンテンツを取得します。

　一言で言ってしまえば、CloudFrontはWebコンテンツ用のキャッシュサーバーを提供するサービスです。CloudFrontをキャッシュサーバーとして利用することで、Webサイトの画像や動画ファイルの読み込み時間を短縮できます。

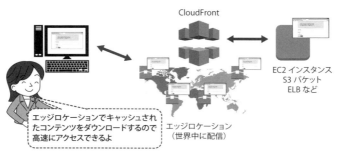

CloudFrontの概要

　エッジロケーションはヨーロッパ／アメリカ／アジア／オセアニア／南米に配置されています。アジアのエッジロケーションは以下の場所にあり、日本国内では、東京と大阪にあります。エッジロケーション内に配置されているサーバーを**エッジサーバー**と呼びます。

- チェンナイ（インド）
- 香港
- ムンバイ（インド）
- マニラ（フィリピン）
- 大阪（日本）
- ソウル（韓国）
- シンガポール
- 台北（台湾）
- 東京（日本）

3.6.2　CloudFrontを使ったWebコンテンツ配信

　それでは、EC2インスタンスで配信しているWebコンテンツをAmazon CloudFrontを使って配信する手順を説明します。

　なお、EC2インスタンスやS3バケットを使ってあらかじめWebサイトを構築し

ておいてください。ここでは、EC2インスタンスにApache HTTP Serverをインストールし、インスタンス内にHTMLファイルを配置したものを使っています。Webサイト構築の手順は、3.3.3項、3.3.5項を参照してください。

1 CloudFrontの起動

まず、AWSマネージメントコンソールから[CloudFront]を起動します。

CloudFrontの起動

2 コンテンツ配信方法の設定

コンテンツ配信を設定するため、[Create Distribution]ボタンをクリックします。

コンテンツ配信の設定

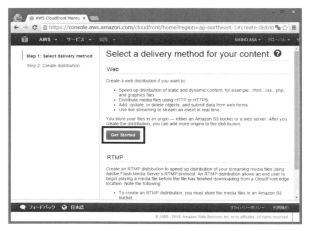

コンテンツ配信方法の選択

CloudFrontでは、次の2つの配信方法があります。

CloudFrontによるコンテンツの配信方法

配信方法	悦明
Web	HTTPやHTTPSを使ってアクセスするWebコンテンツを配信
RTMP	Adobe社が開発しているストリーミング配信プロトコルである、RTMPを使って動画などをストリーミング

ここでは、EC2インスタンス上にApache HTTP Serverを起動し、HTTPでアクセスさせるWebサイトをコンテンツ配信元として使うので、[Web]配下の[Get Started]をクリックします。

3 コンテンツ配信の設定

次に、コンテンツ配信の設定をします。

3.6 CloudFront を使ったデータ配信

コンテンツ配信元の設定

基本となる設定は、次のとおりです。

コンテンツ配信の設定

項目	説明	設定例
Origin Domain Name	Webコンテンツの配信元のドメインを選択	ec2-52-193-250-42.ap-northeast-1.compute.amazonaws.com
Origin Path	トップページのパスを指定	—
Origin ID	任意のIDを設定	WebSample

その他にも、キャッシュの設定やHTTPメソッドの指定、SSL証明書の設定、ログの出力などさまざまなオプションを指定できます。

ここでは、すべて既定値のまま、ページ末尾の [Crate Distribution] ボタンをクリックします。設定完了には数分〜数十分の時間がかかります。すべての設定が完了したら次のように① [Status] の値が [Deployed] となります。これで、エッジロケーション内のエッジサーバーに配信できました。

配信の完了

　確認のため、②［Domain Name］で指定されたドメイン名に、Webブラウザーでアクセスします。コンテンツ配信元で配信されているWebコンテンツが表示されます。

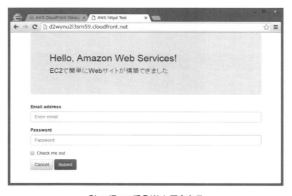

CloudFrontでのWebアクセス

　今回のサンプルではHTMLファイルだけを配信しましたが、データ容量の多いコンテンツを世界中に配信するサービスなどは、CloudFrontを利用することで、より高速なアクセスが実現できます。また、エッジロケーション内のエッジサーバーにコンテンツを配信しているので、急激にアクセスが増加した場合なども対応しやすくなります。

4章

Webアプリケーション
サーバーの構築

　AWSでは、Webシステムの構築に必要となるさまざまな機能を
サービスとして提供しています。第3章で紹介した静的なWebサ
イトの構築だけでなく、PHPやJavaなど動的なWebアプリの実行
環境や、Webアプリが利用する永続データを管理するためのデー
タベースサーバーを容易に構築できます。
　本章では、業務系システムで広く利用されているJavaによる
Webアプリの実行環境を構築します。その過程で、AWSの仮想
サーバー「EC2」とデータベース「RDS」の基本的な使い方を紹介
します。また、AWSが提供する開発ツールの1つである、「AWS
Toolkit for Eclipse」の基本的な使い方も合わせて紹介します。

4.1 Webアプリのアーキテクチャの基本

AWSのサービスを使って、Java EEアプリを実行する場合、その環境にはいくつかの候補があります。前章で紹介した仮想サーバーサービスの他、リレーショナルデータベースの機能を提供する**RDS**や、PaaSサービスである**Elastic Beanstalk**などです。

ここでは、Webシステムアーキテクチャの概要と、AWSでWebシステムを構築する時の処理方式について説明します。

4.1.1 Webシステムアーキテクチャー

アプリを稼働させるためには、複数のサーバーに機能や役割を分割して、インフラの全体構成を決めます。これをインフラアーキテクチャーと呼びます。アーキテクチャーは、日本語で「設計思想」と訳されます。

大規模なWebによる業務システムの場合、多くのシステムインテグレーター／ハードウェアベンダー／クラウドベンダー／ネットワークベンダーなどが連携して、サブシステム／機能の単位にシステムを構築します。そして、ITアーキテクトを中心にして、インフラの全体処理方式を決めるのです。

業務システムで多く採用されている代表的なインフラアーキテクチャーの1つとして、Web3層アーキテクチャーがあります。Web3層アーキテクチャーとは、Webシステムのサーバー群を役割ごとに、次の3つに分ける設計思想のことです。

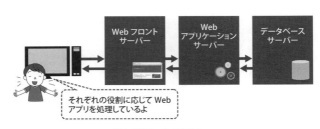

Web3層アーキテクチャー

論理的な分割であるため、低負荷のシステムでは、1台の物理サーバー上で実行することも可能ですし、クラウドシステムなどで実行させる時は、負荷に応じてオートスケールしたり、遠隔地への分散も容易にできます。

以下では、それぞれのレイヤーのサーバー機能について解説していきます。

■ Web フロントサーバー

Webブラウザー（クライアント）から送信されたHTTPリクエストを受け付けて、HTTPレスポンスを返すサーバー機能を持ちます。ミドルウェアとして実装されています。

このサーバー機能は、「Webフロントサーバー」または単に「Webサーバー」と呼ばれます。

Webサーバーには、以下のようなものがあります。リクエストの処理がメインの仕事になるので、高負荷の場合はスケールアウトで処理台数を増やし、ロードバランサーなどの機器を使って負荷分散することもあります。

代表的なWebサーバー

名称	URL	概要
Apache HTTP Server	https://httpd.apache.org/	オープンソースのWebサーバー。小規模なWebサイトから大規模な業務システムまで幅広く利用されている
Nginx	http://nginx.org/	オープンソースのWebサーバー。消費メモリが少なく、リバースプロキシ機能やロードバランサー機能も持つのが特徴
IIS	http://www.iis.net/	Microsoft社が提供するWebサーバー。Windows ServerシリーズなどのOS製品に同梱

■ Webアプリケーションサーバー

Webアプリケーションサーバーは、業務処理を実行するサーバーです。リクエストの内容に応じて、決済処理／受注処理など、業務アプリ本体の実行を担当します。Webフロントサーバー機能と同様に、ミドルウェアで実装されています。

Webアプリケーションサーバーには、以下のようなものがあります。PHPやPerlの実行環境は、Apache HTTP Serverにmod_perlやmod_phpなどを組み込んで用意します。

代表的なWebアプリケーションサーバー

名称	URL	概要
GlassFish	https://glassfish.java.net/	オラクル社を中心としたオープンソースコミュニティで開発が進められているWebアプリケーションサーバー
Apache Tomcat	http://tomcat.apache.org/	Java ServletやJavaServer Pages（JSP）を実行するための、オープンソースのWebアプリケーションサーバー
WildFly	http://www.wildfly.org/	オープンソースのJava EEアプリケーションサーバー。以前はJBossと呼ばれていた

名称	URL	概要
WebSphere Application Server	http://www-03.ibm.com/software/products/ja/was-overview	IBM社が提供する、Webアプリケーションサーバー
Oracle Application Server	http://www.oracle.com/technetwork/jp/middleware/ias/overview/index.html	Oracle社が提供する、Webアプリケーションサーバー

■ データベース (DB) サーバー

　データベースサーバーは、永続データの管理を行うためのサーバーです。業務アプリの処理の実行で発生した永続データは、DBMS (Database Management System) 機能を持つミドルウェアで管理されます。データベースサーバーには、オープンソースの「MySQL」や「PostgreSQL」、Oracle社の「Oracle Database」などがあります。

　永続データは、高い可用性を求められるので、通常はクラスタリングなどの技術で冗長化します。また、万が一の障害に備えて、データのバックアップや遠隔地保管などの対策を講じる必要もあります。

　なお、データベースを操作する作業は、負荷がかかる処理もあるため、システム全体のボトルネックになる可能性が高くなります。そのため、運用状況に応じて、OSやミドルウェアのパラメーターの設定変更など、パフォーマンスチューニングを行う必要もあります。

代表的なデータベースサーバー

名称	URL	概要
MySQL	https://www-jp.mysql.com/	オラクル社が提供する、オープンソースのRDBMS。広範囲で利用されている
PostgreSQL	http://www.postgresql.org	オープンソースのRDBMS。MySQLと並んで業務システムでよく利用されるデータベースの1つ
Oracle Database	http://www.oracle.com/jp/database/overview/index.html	オラクル社が提供する商用データベースサーバー。業務システムで多くの稼働実績がある

　本章では、AWSを使ってWebアプリケーションサーバーとデータベースサーバーを構築するための手順を説明します。

4.1 Webアプリのアーキテクチャーの基本

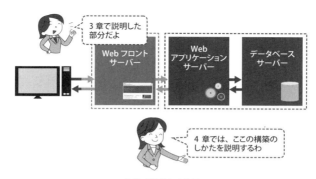

本章で説明する範囲

4.1.2 AWSでのWebシステムアーキテクチャー

AWSのサービスを使ってWebアプリの実行環境を構築する方法はいくつも考えられます。ここでは、業務系システムで広く使われているJava EEによるWebアプリケーションサーバーとデータベースサーバーの構築パターンをいくつか説明します。

■ EC2でWebアプリケーションサーバーとデータベースサーバーを構築するパターン

EC2のインスタンスに、Webアプリケーションサーバーとデータベースサーバーをインストールする方法です。図のように、サーバーサイドJavaのプログラムとデータベースをいずれもEC2インスタンスで起動します。

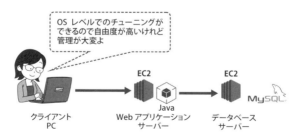

EC2でWebアプリケーションサーバーとデータベースサーバーを構築するパターン

EC2にデータベースサーバーをインストールする手間が発生しますが、OSレベルでチューニングできるので、設定の自由度が増します。オンプレミスのサー

バーと同じ手順で構築／運用するパターンなので、AWSの恩恵を受けづらいパターンです。

なお、図では、別のインスタンスにWebアプリケーションサーバーとデータベースサーバーをインストールしていますが、小規模なアプリの場合、パフォーマンスや冗長性の要件を満たせば、同じEC2インスタンスに構築することもできます。

■ EC2とRDSを利用するパターン

EC2上にWebアプリケーションサーバーをインストールし、そのうえで開発したWebアプリを動かします。アプリ内で使う永続データは、AWSのデータベース管理サービスである**RDS**を使って管理します。

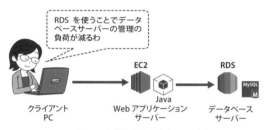

EC2とRDSを利用する方法（Javaの例）

Webアプリでは、システム障害で永続データの破壊や消失があっては困ります。そのため、データベースサーバーでは、冗長化やバックアップなどの対処が必須です。また、Webアプリからデータベースの参照／登録／更新／削除する処理は、多くのシステムリソースを要する処理のため、システムのボトルネックになりがちです。そのため、適切なパフォーマンスチューニングも必要です。

RDSを利用すると、データベースサーバーの冗長化やバックアップ構成などの構築をRDSが行うので、運用に必要なタスクを減らせます。

ただし、EC2とRDSでネットワーク経由のデータのやりとりが発生します。また、データベースサーバーのOSにログインできないので、OSレベルでの詳細なチューニングはできません。

■ Elastic Beanstalkを利用するパターン

PaaSである**Elastic Beanstalk**は、EC2／S3／ELB／Auto Scalingなどの環境を自動で生成し、Webアプリを容易に構築できるサービスです。

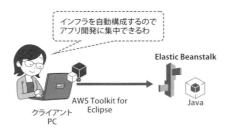

Elastic Beanstalkを利用する方法（Javaの例）

　Elastic Beanstalkは、次の開発プラットフォームをサポートしています。

- Apache Tomcat for Java
- Apache HTTP Server for PHP
- Apache HTTP Server for Python
- Nginx or Apache HTTP Server for Node.js
- Passenger for Ruby
- Microsoft IIS 7.5 for .NET

　既存システムの移行ではなく、新規でアプリ開発する場合は、Elastic Beanstalkに則ってアプリのコードを書くだけで、インフラ部分を自動構築できるので開発スピードを短縮できます。

> **NOTE　サーバーレスアーキテクチャー**
>
> 　仮想サーバー機能であるEC2は、稼働時間によって課金額が決まります。そのため、EC2を使ってサービスを提供するには、クライアントからのリクエストの多寡にかかわらず、24時間365日の間、常時インスタンスを稼働させておく必要があり、どうしても無駄な支払いが生じます。
> 　AWSには、クライアントからのリクエストをトリガーにしてサーバー機能を提供するサービスがいくつか提供されています。
> 　**AWS Lambda**はLambdaファンクションというJava／Node.js／Pythonのいずれかで書いたプログラムを登録しておけば、あるイベントが発生した時に、自動的に実行できるサービスです。また、**API Gateway**はREST APIを容易に作成／管理できるサービスです。これらのサービスを、上手く組み合わせることで「サーバーレス」でシステムを構築できます。
> 　本書では、**サーバーレスアーキテクチャー**についての詳細は取り上げませんが、

> リクエストが定常でないサービスや、サービスの粒度が小さく、リリースまでが短いシステムなどは今後、サーバーレスアーキテクチャーでの開発が主流になってくるでしょう。

4.2 アプリ開発環境の構築

本章では、RDSの使い方を知るために、EC2とRDSを使ったインフラ構成を構築する手順を、Java EEの最も基本的な構成であるServlet／JSPによるサンプルアプリを使いながら説明します。

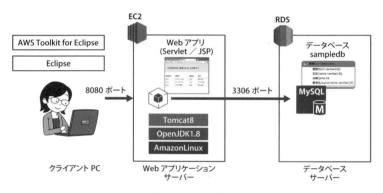

AWSで構築するWebアプリ実行環境

4.2.1 統合開発環境

Webアプリを開発する時には、統合開発環境（IDE）という開発ツールを利用することが多くなっています。Java EEによるサーバーサイドWebアプリの開発では、次のIDEがよく使われています。

■ **NetBeans** (https://ja.netbeans.org/)
オラクル社を中心としたコミュニティにより開発されている、オープンソースの統合開発環境（IDE）で、Java／PHP／C／C++／JavaScriptなどの言語に対応しています。最新版のJavaにいち早く対応できるという利点があり、オープンソースのWebアプリケーションサーバーであるApache TomcatやGlassFishが同梱されているパッケージもあります。

■ Eclipse (https://www.eclipse.org/)

Eclipseは、オープンソースの統合開発環境（IDE）です。Javaをはじめとして、C／C++／PHP／Pythonなどの言語に対応しています。特にJavaの開発では広く使われており、Eclipse本体にさまざまなプラグインを取り込めるのが特徴です。たとえば、テストを行うためのJUnitやソースのバージョン管理を行うためのEclipse EGit、オープンソースのWebアプリケーションサーバーであるApache Tomcatなどと連携して、Javaによる開発を効率化します。

執筆時のEclipseの最新版は4.5.2で、Marsという名前がついています。MarsのJava版は、Java SE 8にも対応しています。

なお、Pleiades All in Oneは、Windows向けにEclipse本体とEclipseの日本語化パッチ、よく使われるプラグインを1つにまとめたパッケージで、以下のサイトからダウンロードできます。

URL Pleiades All in One
http://mergedoc.sourceforge.jp/

■ AWS Toolkit for Eclipse (http://docs.aws.amazon.com/ja_jp/AWSToolkitEclipse/latest/GettingStartedGuide/Welcome.html)

AWSでは、**AWS Toolkit for Eclipse**と呼ばれるオープンソースのEclipseプラグインを提供しています。AWS Toolkit for Eclipse（以降、AWS Toolkit）をEclipseに導入すると、AWSを使用したJava アプリの開発やEC2やRDSなどのAWSのサービスをEclipse上から操作できるようになります。

AWS Toolkitには以下の機能があります。

- AWS SDK for Java
- AWS Explorer
- AWS Elastic Beanstalkデプロイおよびデバッグツール
- AWS CloudFormation Template Editor
- 複数のAWSアカウントのサポート

本書では、EclipseのAWS Toolkitを使ってJava EEによるWebアプリを作成します。

4.2.2　EclipseとAWS Toolkitのインストール

それでは、Eclipseを使った開発環境を作成します。ここでは、日本語化されたEclipseである「Pleiades All in One」を使います。

1 Pleiades All in Oneのダウンロード

以下のURLにアクセスし、執筆時の最新版である［Eclipse 4.5 Mars］ボタンをクリックします。以降、本書ではこのバージョンを使って説明していきます。

URL　Pleiades All in One
http://mergedoc.sourceforge.jp/

Pleiadesのサイト

ダウンロードページが表示されたら、「Java 64bit FullEdition」をダウンロードします。32bit環境であれば、「Java 32bit FullEdision」をダウンロードします。ただし、第8章で利用するDockerは64bit環境でしか動作しないので、64bit環境の準備をお勧めします。

4.2 アプリ開発環境の構築

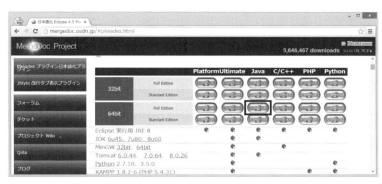

Eclipseのダウンロード

2 Pleiades All in Oneのインストール

ダウンロードしたpleiades-e4.5-java-jre_20160312.zipを解凍ソフトで展開します。展開してできたフォルダー pleiadesを、任意の場所に置きます。インストーラーはないので、フォルダーを配置するとインストールが完了します。

Pleiades All in Oneを利用することで、Eclipseだけでなく、WebアプリケーションサーバーであるApache TomcatやJavaも一度にインストールできます。

ここでは、pleiadesフォルダーをWindowsのEドライブ直下に配置しました。

Pleiadesのフォルダー構成

3 Pleiades All in Oneの起動

Eclipseは、インストールフォルダー配下のeclipseフォルダー内にあるeclipse.exeをダブルクリックして起動します。

Eclipseの実行

初回起動時は、しばらく時間がかかります。

Eclipseの起動

次に、[ワークスペースの選択] ダイアログが表示されます。

ワークスペースの選択

ワークスペースとは、作成したコードを格納するためのフォルダーです。ここでは、ワークスペースをEclipseのインストールフォルダーの配下になるよう、以下の設定にして③[OK] ボタンをクリックします。

ワークスペース・ランチャーの設定項目

項目	設定値
①ワークスペース	../workspace
②この選択を既定値として使用し、今後この質問を表示しない	チェック

これで、Eclipseを起動できました。

4.2 アプリ開発環境の構築

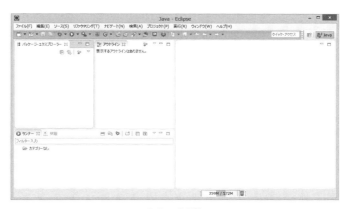

Eclipseの起動

4 AWS Toolkitプラグインのインストール

次に、AWSを操作するためのAWS Toolkitプラグインをインストールします。Eclipseのメニューの［ヘルプ］-［Eclipseマーケットプレース］を選択します。ここから、Eclipseで利用できるプラグインをダウンロード／インストールできます。

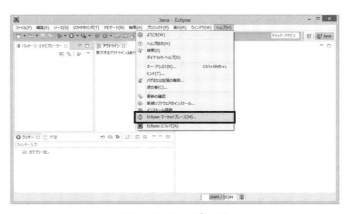

Eclipseマーケットプレース

［Eclipseマーケットプレース］ダイアログが表示されるので、①［検索］フィールドに「AWS Toolkit for Eclipse」と入力し、AWSのプラグインを検索します。AWS Toolkitが見つかったら、②［インストール］ボタンをクリックします。

第4章　Webアプリケーションサーバーの構築

AWS Toolkitのインストール

インストールするツールを選択する画面が表示されるので、①すべてを選択して、②[確認]ボタンをクリックします。

インストールするツールの選択

▼

ライセンスの同意

ライセンスの確認では、①ライセンスに同意し、②[完了]ボタンをクリックします。

インストールが完了したら、Eclipseを再起動します。再起動後は、次のようにオレンジ色のAWS Toolkitのアイコンが表示されます。

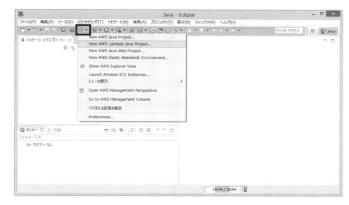

AWS Toolkitのインストール完了

4.2.3　AWS Toolkitの設定

ここでは、AWS Toolkitを使うための設定を説明します。

■1 AWSのアクセスユーザー作成

IAM（Identity & Access Management）とは、AWSで利用するユーザーとアクセスキーを一元管理するためのサービスです（6.2.1項）。

AWSマネージメントコンソールから、IAMを起動します。

IAMのマネージメントコンソール

第4章　Webアプリケーションサーバーの構築

　ここで、EclipseからAWSの各サービスを操作できるユーザーを新規で作成します。①［ユーザー］を選択し、②［新規ユーザーの作成］ボタンをクリックします。

ユーザーの作成

　作成するユーザーの名前を登録します。ここでは①「aws-eclipse」という名前のユーザーを作成します。ここで、②「ユーザーごとにアクセスキーを生成」にチェックを入れます。③［作成］ボタンをクリックすると、新規ユーザーが作成されます。

新規ユーザーの作成

　新規ユーザーが作成され、①発行されたアクセスキーIDとシークレットアクセスキーが表示されます。②［認証情報のダウンロード］ボタンをクリックすると、アクセスキーIDとシークレットアクセスキーをダウンロードできます。この認証

情報は、非常に重要なものになるので、**ダウンロードした秘密鍵はなくさないよう厳重に保管**してください。

アクセスキー IDとシークレットアクセスキー

2 ユーザーにアクセス権を設定する

作成したユーザーに、AWSの各サービスが利用できるようアクセス権を設定します。IAMメニューの①［ユーザー］を選択し、②作成した「aws-eclipse」を選択し、ダブルクリックします。

ユーザーの選択

ユーザーの詳細情報が表示されるので、［アクセス許可］タブにある［ポリシーのアタッチ］ボタンをクリックします。

第4章　Webアプリケーションサーバーの構築

アクセス許可の設定

　作成したユーザーでEC2とRDSを利用するため、①「AmazonEC2FullAccess」と「AmazonRDSFullAccess」をチェックし、②［ポリシーのアタッチ］ボタンをクリックします。この権限を設定することで、EC2とRDSのすべての操作ができるユーザーができます。

ポリシーのアタッチ

3 AWS Toolkitに認証情報を設定する

Eclipseを起動したら、AWSへのアクセス認証情報を設定します。AWS Toolkitに作成したユーザーの認証情報を追加するために、Eclipseのメニューバーから［ウインドウ］-［設定］をクリックします。

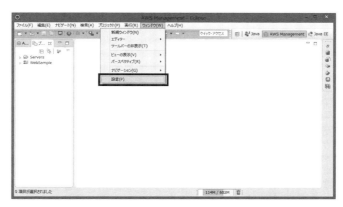

Eclipseの設定

設定メニューの①［AWSツールキット］を選択し、②グローバル構成のアクセスキーIDと秘密アクセスキーに、それぞれAWSのユーザーの認証情報を入力します。入力できたら、③［OK］ボタンをクリックします。

AWSツールキットの設定

これで設定は完了です。

認証情報の管理

AWS Toolkitは、AWSのアクセスキーの検出と使用に、AWS CLIおよびAWS Java SDKと同じシステムを利用しています。そのため、Eclipse IDEで入力したアクセスキーは、ユーザーホーム（たとえば「C:¥Users¥asa」）の.awsサブフォルダーにある共有AWS認証情報ファイル（credentials）に保存されます。

認証情報ファイルの場所は、変更することもできます。ファイルの場所を設定する時は、Eclipseの［設定］－［AWSツールキット］の［Credentials file］欄に、ファイルの場所を設定します。このファイルには、AWSの認証情報が含まれています。

AWSツールキットの設定

AWS CLIでAWS認証情報をすでに設定している場合は、AWS Toolkitが認証情報を自動的に検出して使用します。

4.3 MySQLによるデータベースサーバー構築

開発環境の準備ができたので、Webアプリの実行環境のインフラ構築を進めていきましょう。はじめに、Webアプリで使用するデータを格納するためのデータベースサーバーを構築します。

ここでは、RDS＋MySQLを例に、データベースサーバーを構築する手順を説明します。

4.3.1 Amazon Relational Database Service（RDS）とは

Amazon Relational Database Service（**RDS**）は、リレーショナルデータベースサーバーを構築／運用するためのサービスです。一般的にデータベースサーバーの運用は、バックアップ／リストアなどのデータ管理やパフォーマンスチューニングやセキュリティなど高度な技術と運用スキルを必要としますが、RDSを使えば、AWSマネージメントコンソールやCLIを使ってデータベースを容易に管理できます。

> **URL** RDS公式
> https://aws.amazon.com/jp/documentation/rds/

RDSでは、監視サービスであるCloudWatchを使って、メモリやストレージ利用率、I/O、接続数などの項目を監視できます。リレーショナルデータベースには、最新のパッチが自動で適用され、常に最新の状態が維持されています。

RDSの自動バックアップ機能を設定すると、データベースとトランザクションログをバックアップできます。ただし、自動バックアップの保持期間は、最大35日間です。

データベースのスナップショットを、S3にバックアップすることも可能です。AWS自身の障害発生時にも継続して利用できるよう、マルチAZ配置にすることもできます。マルチAZ配置とは、RDSを異なるアベイラビリティゾーンに配置し、互いに複製し合うことです。

なお、データベースでは顧客情報や経営情報などの機密情報を管理している場合もあります。その場合、RDSインスタンスをVPC（仮想ネットワークサービス）に配置し、VPNを使用してオンプレミス環境からインターネットを介さずに直接接続することも可能です。

■ 対応するデータベースエンジン

RDSでは、次のリレーショナルデータベースエンジンを選択できます。

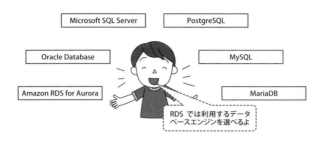

RDSで利用できるデータベースエンジン

リレーショナルデータベース

リレーショナルモデルは、リレーション内のアトリビュート（属性）同士の関係性を表現するデータモデルのことです。このモデルを採用しているデータベースをリレーショナルデータベースと呼びます。

- **Amazon RDS for Aurora** (http://aws.amazon.com/jp/rds/aurora/)

  Amazon Auroraは、AWSが提供する、MySQL 5.6と互換性のあるリレーショナルデータベースエンジンです。

  MySQLの5倍の性能を持ち、データを3つのアベイラビリティゾーンにレプリケーションし、継続的にS3にバックアップすることで、可用性が99.99%を超えるように設計されています。商用データベース並の信頼性と機能を持ちますが、初期費用が不要で、利用した分だけ課金されるのが特徴です。

- **Oracle Database** (https://www.oracle.com/database/index.html)

  Oracle Databaseは、オラクル社が開発している、商用リレーショナルデータベースエンジンです。業務システムで最も多く使われているエンジンであり、UnixやLinux／Windows ServerなどのサーバーOSだけでなく、メインフレームからクライアントPCまで、幅広いプラットフォームをサポートしているのが特徴です。オンプレミス環境で動作しているアプリの移行もできます。

- **Microsoft SQL Server** (https://www.microsoft.com/ja-jp/server-cloud/products-SQL-Server-2014.aspx)

  マイクロソフト社が提供している、リレーショナルデータベースエンジンです。業務系システムでの実績も多く、大規模なシステムから、組み込み系の小規模なシステムまで幅広く対応しています。また、Microsoft Windowsと親和

性が高く、ADOやADO.NETを経由してバックエンドデータベースを構築できるのが特徴です。

> **NOTE**
> **ADO.NET**
> .NET Frameworkでデータベースへの接続機能を提供するソフトウェアコンポーネントです。マイクロソフトから提供されています。データベースから取得したデータを、メモリ上に保存しておくことができる「非接続データセット」という機能を利用できます。

- **PostgreSQL** (http://www.postgresql.org/)
  PostgreSQLは、オープンソースのRDBMSです。MySQLと並んで業務システムでよく利用されるデータベースの1つで、最新バージョンは9.5です。

- **MySQL** (https://www-jp.mysql.com/)
  MySQLはオラクル社が提供しているオープンソースのリレーショナルデータベースエンジンです。世界で最も普及しているオープンソースのRDBMSで、最新版は5.7です。本番環境での稼働実績も多く、書籍も豊富にそろっています。

- **MariaDB** (https://mariadb.org/)
  MySQLから派生したオープンソースのリレーショナルデータベースエンジンです。パフォーマンスに関する機能が豊富で、業務系システムで利用の多いLinuxディストリビューションである「Red Hat Enterprise Linux (7以降)」の標準データベースになっています。

■ RDSのストレージ

RDSでは、データの保存に次のストレージを選ぶことができます。

- **汎用 (SSD) ストレージ**
  SSDタイプの標準のストレージです。容量1GiBあたり3IOPS～最大3000IOPSまで対応できます。このストレージタイプは、幅広い用途のデータベースに適しています。

- **プロビジョンドIOPS (SSD) ストレージ**
  I/Oのパフォーマンスが高速であるSSDタイプのストレージです。オンライントランザクション (OLTP) データベースなどに適しています。

- **マグネティックストレージ**

　磁気ストレージであるマグネティックストレージは、アプリのI/Oが少ない要件に適した安価なストレージです。ただし、ストレージを他のアカウントと共有するため、パフォーマンスが大幅に落ちる可能性があります。

IOPS

IOPSは、ディスクが1秒あたりに処理できるI/Oアクセスの数のことです。IOPSが高ければ高いほど、高性能なディスクということです。

　MySQL／Oracle Database／PostgreSQLでは、データが増加した時に、データベースサーバーを停止することなく、ストレージを追加できます。

4.3.2　セキュリティグループの作成

　RDSには、顧客情報や経営情報などの機密情報が含まれることもあります。そのため、RDSには適切なセキュリティ対策を施す必要があります。具体的には、EC2インスタンスと同様に「セキュリティグループ」を作成し、そのルールをRDSインスタンスに適用することで、必要なアクセスだけに限定できます。

　セキュリティグループは、AWSマネージメントコンソールからも作成できますが（5.2.3項）、ここでは、AWS Toolkitを使って、GUIからセキュリティグループを作成する手順を説明します。

■1 新しいセキュリティグループの作成

　EclipseのAWS Toolkitアイコンをクリックし、[EC2 Security Groups] をクリックします。

EC2 Security Groupsの作成

[EC2 Security Groups]のビューが表示されます。①[領域]が「Asia Pacific (Tokyo)」になっていない場合は、クリックして東京リージョンに設定します。ビュー上で右クリックして、②[新規グループ...]をクリックします。

新規グループの作成

ダイアログが表示されるので、セキュリティグループの名前と説明を入力します。

セキュリティグループ名の設定

ここでは、次のように設定します。

セキュリティグループ名の設定

項目	設定例
Security Group Name	RDSSample
説明	RDSSampleGroup

2 パーミッションの設定

次に、作成したRDSSampleを選択し、右クリックして[Add Permissions]を選択します。

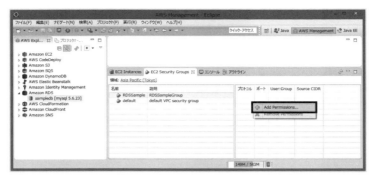

パーミッションの追加

　ダイアログが表示されるので、次のようにアクセスを許可したいポートを設定します。

パーミッションの設定

　ここでは、RDSでデータベースエンジンとしてMySQLを動作させるので、MySQLが既定で使用する3306番ポートへの通信を許可します。

パーミッションの設定

項目	説明	設定例
Assign permissions	設定するパーミッションの設定。ネットワークの設定かAWSユーザーの設定のいずれか	Protocol,port and network
プロトコル	プロトコル。TCP ／ UDP ／ ICMPのいずれか	TCP
Port or Port Range	ポート番号	3306
Network Masks	許可する送信元ネットワーク	0.0.0.0/0

設定が完了すると、次のようにセキュリティポリシーが表示されます。

セキュリティグループの設定

これで、3306番ポートにアクセスできる「RDSSample」という名前のセキュリティグループが作成できました。

4.3.3 パラメータグループの作成

MySQLを利用する際には、環境やシステム要件に合わせて、文字コードや接続数などのパラメーターを設定する必要があります。オンプレミスサーバーやEC2インスタンスに手動でMySQLをインストールした時は、設定ファイルであるmy.confを環境に合わせて変更しますが、RDSでは、パラメータグループを作成します。

パラメータグループを作成するには、AWSマネージメントコンソールから[RDS]を起動し、RDSメニューの①[パラメータグループ]を選択します。そこで②[パラメータグループの作成]ボタンをクリックします。

パラメータグループの作成

パラメータグループの名前作成

　パラメータグループで設定できる値は、データベースエンジンの種類およびバージョンによって異なります。ここでは、MySQL 5.6バージョンで利用するためのパラメータグループを作成するため、①次の表のとおり設定し、②［作成］ボタンをクリックします

パラメータグループの設定

項目	設定値
パラメータグループファミリー	MySQL5.6
グループ名	MySQLGroup
説明	MySQLGroup

　作成したパラメータグループを変更するには、①変更したいグループ名を選択し、②［パラメーターの編集］ボタンをクリックします。

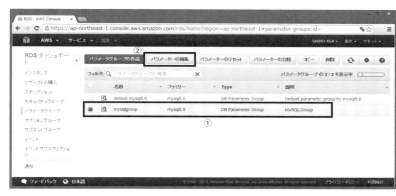

パラメータグループの編集

MySQL 5.6で設定できるパラメーターの一覧が表示されます。

パラメータグループの編集

ここでは、データベースの文字コードをUTF-8に設定するため、次のパラメーターを設定します。設定が完了したら、[変更の保存]をクリックします。

設定するパラメーター

パラメーター	説明	設定値
character_set_client	クライアントの送信する文字コード	utf8
character_set_connection	文字コード情報がない時の文字コード	utf8
character_set_database	参照しているデータベースの文字コード	utf8
character_set_results	クライアントへ送信する文字コード	utf8
character_set_server	既定の文字コード	utf8

これで、パラメータグループが作成できました。

>
> **オプショングループとサブネットグループ**
>
> RDSにはパラメータグループの他にも、データベースに関する構成を設定できる機能があります。
> オプショングループは、データベースエンジンが持つ固有の機能について設定する機能です。Oracle ／ Microsoft SQL Server ／ MySQLデータベースのインスタンスに対して使用できます。
> データベースを仮想プライベートネットワークで稼働させる時は、サブネットグループを設定します。RDSのサブネットグループの詳細については、第5章を参照してください。

4.3.4　RDSのインスタンス生成

それでは、いよいよRDSを使ってデータベースサーバーを構築していきましょう。

■1 RDSのマネージメントコンソール起動

AWSマネージメントコンソールで［RDS］を起動します。

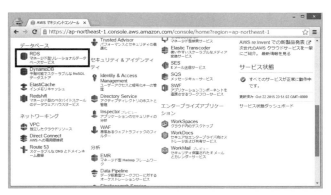

RDSの起動

新しいデータベースサーバーを構築するため、①［インスタンス］を選択し、②［DBインスタンスの起動］ボタンをクリックします。

RDSの起動

2 エンジンの選択

データベースエンジンを選択します。ここでは、①「MySQL」を選び、②[選択]ボタンをクリックします。

RDBMSの選択

3 本番稼働用に使用するかどうかの設定

ここで、本番環境でデータベースを使用するかどうかを選択します。

本番稼働で使用するかどうかの設定

　データベースの障害は、システムにとって致命的な問題をもたらすことがあります。
　RDSでは、自動的にプライマリデータベースインスタンスを作成すると同時に、プライマリデータベースとは異なるアベイラビリティーゾーン（AZ）にバックアップ用データベースを作成し、そこにデータを複製する機能を持っています。これを**マルチAZ**と呼んでいます。
　マルチAZを利用すると、自動的にデータを複製するだけでなく、障害が発生した時に自動でフェールオーバー（切り替え）を行ってくれます。また、より信頼性の高いプロビジョンドIOPS（SSD）ストレージを使ってデータベースサーバーを構築します。
　今回は、動作確認のみで本番環境での稼働を行わないので、①［開発／テスト］を選択し、②［次のステップ］ボタンをクリックします。この場合、マルチAZとプロビジョンドIOPSストレージは利用されません。

RDSの無料利用枠

　RDSはAWSのアカウント登録日から最初の12か月間は、以下の内容を無料で利用できます。
- 冗長化なし（SingleAZ）のdb.t2.microインスタンスの50時間利用
- MySQL ／ PostgreSQL ／ Oracle ／ SQL Serverのいずれかから選択
- 20GiBのデータベースストレージ

4.3 MySQLによるデータベースサーバー構築

> 冗長化するためのマルチAZとプロビジョンドIOPS（SSD）ストレージを使った場合、無料枠ではなくなるので注意してください。

4 データベース詳細の設定

次に、データベースの詳細設定を行う画面が表示されます。

データベースの設定

ここで設定する項目は次のとおりです。

データベースの設定項目（インスタンスの仕様）

項目	説明	今回の設定値
DBエンジン	データベースの種類	mysql
ライセンスモデル	ライセンスの種類	General Public License
DBエンジンのバージョン	データベースエンジンのバージョン	5.6.27
DBインスタンスのクラス	データベースを起動するインスタンスのタイプ	db.t2.micro
マルチAZ配置	異なるアベイラビリティゾーン間で冗長化構成にするかどうか	いいえ
ストレージタイプ	ストレージの種類（汎用（SSD）｜プロビジョンドIOPS（SSD）｜マグネティックのいずれか）	汎用（SSD）
ストレージの割り当て	データベースのストレージ容量	5GiB

次に、データベースに接続するユーザーの情報を設定します。次の項目はすべて入力が必須です。入力が完了したら、［次のステップ］ボタンをクリックします。

データベースの設定項目（設定の仕様）

項目	説明	今回の設定値
DBインスタンス識別子	データベースのインスタンスの名前	sampledb
マスターユーザーの名前	データベースにアクセスする時のユーザー名	dbuser
マスターパスワード	データベースにアクセスする時のパスワード（8文字以上にする必要があります）	password
パスワードの確認	パスワードの再入力	password

5 データベースの設定

データベースの通信やセキュリティなどを設定します。

データベースのネットワーク／セキュリティ設定

まず、ネットワークとセキュリティに関して設定する項目は次のとおりです。VPCセキュリティグループには、4.3.2項で作成したセキュリティグループである「RDSSample」を指定します。

データベースのネットワーク／セキュリティ設定

項目	説明	今回の設定値
VPC	データベースをどのVPC内に作成するか	デフォルトVPC
サブネットグループ	VPC内のサブネットを選択	default
パブリックアクセス可能	はい:VPC外部からの接続を許可する／いいえ:VPC外部からの接続を許可しない	はい
アベイラビリティゾーン	どのアベイラビリティゾーンに作成するか（指定しなかった場合、任意のアベイラビリティゾーンに作成される）	指定なし
VPCセキュリティグループ	セキュリティグループの指定	RDSSample

4.3 MySQLによるデータベースサーバ構築

続いて、データベースの設定を行います。

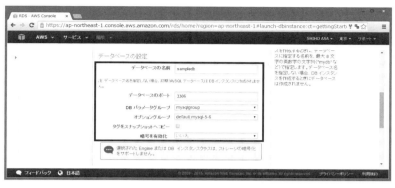

データベースの設定

設定する項目は、次のとおりです。ここでは、DBパラメータグループとして、4.3.3項で作成したパラメータグループ「mysqlgroup」を指定します。

データベースの設定

項目	説明	今回の設定値
データベースの名前	データベースの名前	sampledb
データベースのポート	データベースが使用するポート番号	3306
DBパラメータグループ	使用するDBパラメータグループ	mysqlgroup
オプショングループ	（Oracleのオプションを指定）	default
タグをスナップショットへコピー	スナップショットへコピーするかどうか	オフ
暗号を有効化	暗号化するかどうか	いいえ

次に、データベースの①バックアップとメンテナンスに関する設定をします。設定が完了したら、②[DBインスタンスの作成]ボタンをクリックします。

データベースのバックアップとメンテナンス設定

設定する項目は次のとおりです。

データベースのバックアップの設定

項目	説明	今回の設定値
バックアップの保存期間	バックアップの保存期間	0
バックアップウィンドウ	バックアップを取得するタイミング	指定なし
マイナーバージョン自動アップグレード	新しいマイナーバージョンへの自動アップグレードを有効にするかどうか	はい
メンテナンスウィンドウ	RDSへのメンテナンスを行うための時間を指定	指定なし

　RDSのインスタンスの生成には数分〜数十分かかります。インスタンスの状況を確認するには、AWSマネージメントコンソールのRDSメニューの①［インスタンス］を選択します。インスタンスが利用できる状態になると、②［ステータス］が［利用可能］になります。

4.3 MySQLによるデータベースサーバー構築

RDSインスタンスの確認

これで、データベースサーバーが構築できました。

4.3.5 データの登録（AWS Toolkitでの実行）

データベースサーバーを構築できたところで、RDSに作成したsampledbデータベースにサンプルアプリ用のデータを登録します。テスト用のサンプルデータベースは次のような構成になっています。

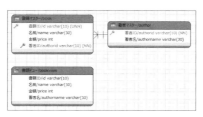

サンプルデータのER図

> **NOTE**
> ### ER図
> ER図（Entity Relationship Diagram）とは、テーブル（エンティティ）と、テーブル間の関連（リレーションシップ）を線で結んで、データベースを分かりやすく表現した図のことです。

サンプルデータは、ダウンロードサンプルの/aws-rds-sample/sampledb.sqlに用意しているので、そちらを参照してください。サンプルファイルの構成は次のようになっています。

```
aws-rds-sample
├─ WebAPSample.war
└─ sampledb.sql
```

サンプルのフォルダー構成

それでは、EclipseのAWS Toolkitを使って、GUIからRDSに対してデータを登録していきましょう。

これには、Eclipseを起動し、AWS Toolkitアイコンから配下の［Show AWS Explorer View］をクリックします。

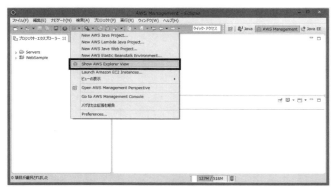

AWS Explorerの起動

AWS Explorerを起動すると、EclipseからAWSの各サービスの状況が確認できます。ここでは、先ほどRDSで作成したインスタンスに接続します。

RDSへの接続

AWS Explorerから、作成したsampledbが確認できているのが分かります。

SQLの実行

①「sampledb」をダブルクリックすると、AWSのインスタンスに接続できます。パスワードを訊かれるので、RDSを構築した時に設定したインスタンスのパスワード（例ではpassword）を入力します。②［SQLスクラップブック］ボタンをクリックし、作成したSQLスクラップブックでsampledb.sqlのSQL文を入力します。入力が完了したら、SQLスクラップ上で右クリックし、③［すべて実行］を選択します。

これで、データを登録できました。

4.3.6 データの登録（MySQLコマンドラインでのSQL実行）

MySQLのコマンドを使ってリモートアクセスすることもできます。

1 MySQLのダウンロード／インストール

サイトから「MySQL Community Edition」をダウンロードして、パソコンにインストールします。

> **URL** MySQLのダウンロード
> http://www-jp.mysql.com/downloads/

MySQLをインストールすると、mysqlコマンドが利用できます。

2 RDSのアクセスポイント確認

次に、RDSのアクセス先を確認します。AWSマネージメントコンソールで[RDS]をクリックします。

データベースのエンドポイントの確認

RDSダッシュボードの①[インスタンス]を選択し、先ほど作成した「sampledb」を選択します。すると、②sampledbの[エンドポイント]が表示されます。このエンドポイントが、RDSのアクセス先になります。

次に、Windowsのコマンドプロンプト（cmd）を起動し、次のコマンドでRDSインスタンスにアクセスします。MySQLの場合、3306ポートを使用します。

構文 RDSで構築したMySQLサーバーへの接続
```
> mysql -h <エンドポイントのURL> -P <MySQLのポート番号> -u <マスターユーザーの名前> -p
```

たとえば、RDSで指定したマスターユーザーの名前が「dbuser」でRDSのエンドポイントがsampledb.xxx.rds.amazonaws.com:3306の時は、次のコマンドをコマンドプロンプトから実行し、RDS上のMySQLにログインします。

リスト MySQLへのログイン
```
> mysql -h sampledb.xxx.rds.amazonaws.com -P 3306 -u dbuser -p
```

パスワードを問われるので、RDSを構築した時に設定したインスタンスのパスワード（例ではpassword）を設定します。

これで、AWSのRDSにアクセスできました。

RDSへの接続

次のコマンドでRDSに登録されているデータベースの一覧を表示し、RDSインスタンス生成時に作成した「sampledb」ができているのを確認してください。

リスト MySQLへのログイン

```
mysql> show databases;
+--------------------+
| Database           |
+--------------------+
| information_schema |
| innodb             |
| mysql              |
| performance_schema |
| sampledb           |   <= RDSで作成したデータベースが作成
+--------------------+
5 rows in set (0.03 sec)
```

このように、AWS ToolkitでもMySQLコマンドのどちらの方法でも、RDSにアクセスできます。

4.4 TomcatによるWebアプリケーションサーバー構築

RDSを使ってデータベースサーバーの構築が終わったので、次はEC2インスタンスにオープンソースのWebアプリケーションサーバーである、Apache Tomcat 8をインストールし、サンプルアプリを動かしてみます。

4.4.1 Apache Tomcatとは?

 Apache Tomcat（トムキャット）は、Java EEの中核技術であるServlet（サーブレット）やJava Server Pages（JSP）を実行するためのWebアプリケーションサーバーです。Apache License 2.0を採用したオープンソースソフトウェアです。最新バージョンである8.0は、Java Servlet 3.1 ／ JSP 2.3に対応し、Java 7以降で動作します。

 Eclipseの日本語パッケージであるPleiades All in One（4.5.2.v20160312）のJava用Full Editionをインストールすると、以下のバージョンがインストールできます。

- Apache Tomcat 6.0.45
- Apache Tomcat 7.0.68
- Apache Tomcat 8.0.32

 サーブレットとは、Webアプリケーションサーバー上で動作するJavaのクラスです。サーブレットは、クライアントのブラウザーから送信されたリクエストに対して、処理結果を返します。サーブレットは一度、Webアプリケーションサーバー上でロードされると、クライアントからのリクエストにマルチスレッドで応答するため、高速に動作するのが特徴です。

 JSP（JavaServer Pages）は、HTMLにJavaのコードを埋め込んでおき、WebアプリケーションサーバーでもにWebページを生成してクライアントに返す技術です。Webアプリケーションサーバーは、初回のクライアントからのリクエスト時にJSPのソースコードを自動でサーブレットに変換し、コンパイルを行います。そのため、2回目以降のアクセスでは高速に処理できます。

 Apache Tomcatは、サーブレットを動作させるためのWebアプリケーションサーバーであるため、**サーブレットコンテナ**と呼ばれることもあります。

URL Apache Tomcat
http://tomcat.apache.org/

4.4.2 セキュリティグループの作成

 それでは、さっそくWebアプリの実行環境を構築していきましょう。
 まず、Tomcatが利用する8080番ポートへの通信を許可するためのセキュリティグループを作成します。

1 新しいセキュリティグループの作成

AWS Toolkitアイコンから、配下の［EC2 Security Groups］をクリックします。［EC2 Security Groups］のビューが表示されるので、ビュー上で右クリックして［新規グループ］をクリックします。

セキュリティグループ名の設定

ダイアログが表示されるので、セキュリティグループの名前と説明を入力します。ここでは、次のように設定します。

セキュリティグループ名の設定

項目	設定例
Security Group Name	WebAPSample
説明	WebAPSampleGroup

2 パーミッションの設定

次に、作成したWebAPSampleを選択し、右クリックして［Add Permissions］をクリックします。

パーミッションの設定

ダイアログが表示されるので、次のようにアクセスを許可したいポートを設定します。ここでは、WebアプリケーションサーバーでApache Tomcatを動作させるので、Tomcatが既定で使用する8080番ポートへの通信を許可します。

パーミッションの設定

項目	説明	設定例
Assign permissions	設定するパーミッションの設定。ネットワークの設定かAWSユーザーの設定のいずれか	Protocol,port and network
プロトコル	プロトコル。TCP ／ UDP ／ ICMPのいずれか	TCP
Port or Port Range	ポート番号	8080
Network Masks	許可する送信元ネットワーク	0.0.0.0/0

これで、8080番ポートに対してアクセスを許可するグループが作成できました。同様の手順で、EC2インスタンスに対して、TeraTermからSSH接続するため、22番ポートへの接続も許可します。

設定が完了すると、次のようにセキュリティポリシーが表示されます。

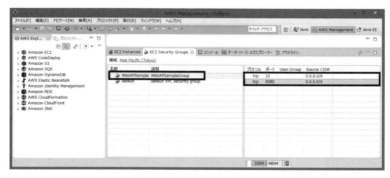

セキュリティポリシーの確認

これで、8080番ポートと22番ポートにアクセスができる「WebAPSample」という名前のセキュリティグループが作成できました。

4.4.3　EC2のインスタンス起動

セキュリティグループの作成ができたので、次はWebアプリケーションサーバーを動かすためのEC2インスタンスを起動します。これには、AWSマネージメントコンソール（3.3.3項）も利用できますが、ここでは、AWS Toolkitを使ってGUI画面から操作してみます。

4.4 TomcatによるWebアプリケーションサーバー構築

1 EC2インスタンスの生成

AWS Toolkitアイコンから、配下の[Launch Amazon EC2 Instances]をクリックします。

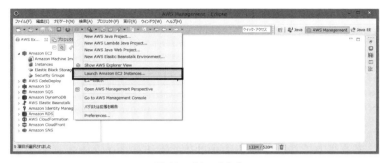

EC2インスタンスの生成

2 AMIの選択

次に、EC2のもとになるAMIを選択します。ここでは、① Amazon Linuxのバージョン（ami-f80e0596）を使用します。選択できたら、②［次へ］ボタンをクリックします。

AMIの選択

3 EC2インスタンスの詳細設定

次に、EC2インスタンスの詳細を設定します。

第 4 章　Web アプリケーションサーバーの構築

EC2 インスタンスの詳細設定

設定項目は次のとおりです。

EC2 インスタンスの詳細設定

項目	説明	設定例
AMI	使用する AMI（3.3.3 項）	ami-f80e0596
①Number of Hosts	起動するインスタンスの数	1
②インスタンスタイプ	起動するインスタンスのスペック（3.3.3 項）	General Purpose Burstable Micro
③Availability Zone	アベイラビリティゾーン	ap-northeast-1a
④Key Pair	認証に使うキーペア	AWSKeypair
⑤Security Group	EC2 インスタンスに設定するセキュリティグループ	WebAPSample

⑥［完了］ボタンをクリックすると、EC2 インスタンスが生成されます。AWS マネージメントコンソールから作成した時と同様に、数分の時間がかかります。

インスタンスの状態は、①Eclipse 上の AWS Explorer の［Instances］をクリックすると確認できます。インスタンスの生成が完了していると、EC2 インスタンスビューのインスタンスの状態が②「running」になっています。

③EC2 インスタンスの接続先である［Public DNS Name］も確認できます。

4.4　TomcatによるWebアプリケーションサーバー構築

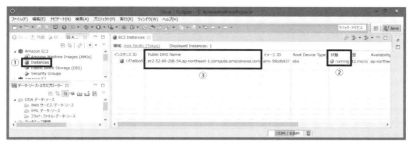

EC2インスタンスの動作確認

　今回のようにEclipseのAWS ToolkitからGUIでインスタンスを起動した時も、AWSマネージメントコンソールからインスタンスを管理することは可能です。

AWSマネージメントコンソールからのEC2インスタンスの動作確認

　これで、Webアプリケーションサーバーのインストール元となる、EC2インスタンスを生成できました。

> **AWSマネージメントコンソールからEC2インスタンスを生成する場合**
>
> 　AWSマネージメントコンソールからEC2インスタンスを起動する場合は、3.3.3項の手順を参照してください。ただし、セキュリティグループの設定でApache Tomcatの利用ポートである8080を許可するよう、次のように設定してください。

第4章　Webアプリケーションサーバーの構築

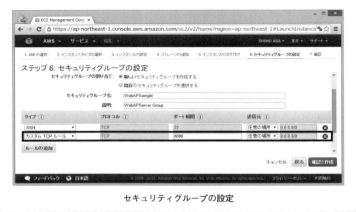

セキュリティグループの設定

4.4.4　Apache Tomcatのインストール

　EC2インスタンスが起動できたら、TeraTermでログインします。まず、EclipseからTeraTermを起動するための設定をします。Eclipseのメニューバーから［ウインドウ］の［設定］をクリックします。

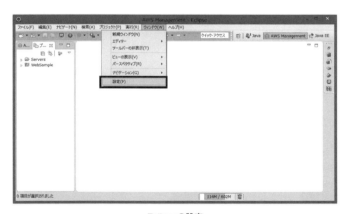

Eclipseの設定

　設定メニューの①［AWSツールキット］を選択し、②［外部ツール］を設定します。AWS Toolkitでは、SSH接続ツールにPuttyというターミナルエミュレータソフトを利用しますが、TeraTermも利用できるので、ここでは、3章でも使用したTeraTermを設定します。

4.4 Tomcat による Web アプリケーションサーバー構築

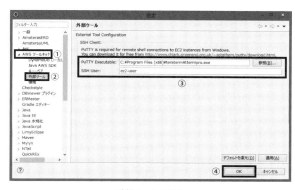

外部ツールの設定

設定項目は、次のとおりです（③）。

外部ツールの設定

項目	説明	設定例
Putty Executable	ターミナルエミュレータソフトの実行モジュールの場所	C:¥Program Files (x86)¥teraterm¥ttermpro.exe
SSH User	SSH接続する時のユーザー名	ec2-user

入力できたら、④［OK］ボタンをクリックします。

これで設定は完了しました。

次に、EC2インスタンスにTeraTermを使ってリモートアクセスします。AWS ExplorerのInstanceから先ほど生成したインスタンスを選択し、右クリックします。コンテキストメニューから［Open Shell］をクリックします。

TeraTermの起動

TeraTermの接続ダイアログが表示されます。

EC2インスタンスへの接続

① ［ユーザー名］はあらかじめ「ec2-user」が設定されています。②［RSA/DSA鍵を使う］を選択し、EC2インスタンスを生成した時に指定したアクセスキーのファイル（AWSKeypair.pem）を指定します。③［OK］ボタンをクリックすると、EC2インスタンスに接続できます。

ターミナル上で、コマンドを実行できます。

EC2インスタンスへの接続完了

次に、JavaとApache Tomcat 8を次のコマンドでインストールします。

リスト　Javaのバージョン確認
```
$ java -version
java version "1.7.0_95"
OpenJDK Runtime Environment (amzn-2.6.4.0.65.amzn1-x86_64 u95-b00)
OpenJDK 64-Bit Server VM (build 24.95-b01, mixed mode)
```

4.4 Tomcat による Web アプリケーションサーバー構築

　Amazon Linuxでは、初期状態でJava 7がインストールされているので、次のコマンドでJava 8をインストールします。Completeが最後に表示されると、インストールが完了しています。

リスト Java 8のインストール

```
$ sudo yum -y install java-1.8.0-openjdk-devel
Loaded plugins: priorities, update-motd, upgrade-helper
～中略～
Installed:
  java-1.8.0-openjdk-devel.x86_64 1:1.8.0.71-2.b15.8.amzn1

Dependency Installed:
  java-1.8.0-openjdk.x86_64 1:1.8.0.71-2.b15.8.amzn1
  java-1.8.0-openjdk-headless.x86_64 1:1.8.0.71-2.b15.8.amzn1
  lksctp-tools.x86_64 0:1.0.10-7.7.amzn1

Complete!  … インストールの成功
```

　インストールしたJava 8を利用するように、次のコマンドで設定変更します。利用したいバージョンの番号を聞かれるので、ここでは「2」を入力し、エンターキーを押します。

リスト Javaの切り替え

```
$ sudo alternatives --config java

There are 2 programs which provide 'java'.

  Selection    Command
-----------------------------------------------
*+ 1           /usr/lib/jvm/jre-1.7.0-openjdk.x86_64/bin/java
   2           /usr/lib/jvm/jre-1.8.0-openjdk.x86_64/bin/java

Enter to keep the current selection[+], or type selection number: 2  … Java 8を表す「2」を入力
```

　これで、Javaの設定は完了です。続いて、Tomcat 8をインストールします。

リスト Tomcat 8のインストール

```
$ sudo yum -y install tomcat8

Loaded plugins: priorities, update-motd, upgrade-helper
～中略～

Installed:
```

```
  tomcat8.noarch 0:8.0.30-1.57.amzn1

Dependency Installed:
  apache-commons-collections.noarch 0:3.2.1-11.9.amzn1
～中略～

Complete!   … インストールの成功
```

4.4.5　JDBCドライバーのインストール

JDBCは、Javaアプリからリレーショナルデータベースに接続するためのAPIです。Webアプリとデータベースサーバーを連携する時は、データベースサーバーに応じた**JDBCドライバー**が必要になります。

今回は、MySQLを利用したRDSのインスタンスを利用するため、MySQL用のJDBCドライバーを次のコマンドでインストールします。

リスト JDBCドライバーのインストール
```
$ sudo yum install -y mysql-connector-java

Loaded plugins: priorities, update-motd, upgrade-helper
～中略～

Installed:
  mysql-connector-java.noarch 1:5.1.12-2.10.amzn1

Dependency Installed:
  apache-commons-codec.noarch 0:1.6-2.2.amzn1
    ～中略～

Complete!   … インストールの成功
```

JDBCドライバーは「/usr/share/java/mysql-connector-java.jar」にインストールされます。JDBCドライバーをTomcat 8から利用するためには、Tomcat 8がインストールされたフォルダー配下のlibフォルダー（/usr/share/tomcat8/lib/）にコピーする必要があります（シンボリックリンクでも可）。ここは、Tomcat 8の起動時に自動的に読み込まれるフォルダーで、Webアプリ共通で使用するライブラリーなどを格納する場所です。

リスト JDBCドライバーのインストール
```
$ sudo cp /usr/share/java/mysql-connector-java.jar /usr/share/tomcat8/lib/
```

JDBCとは

Javaプログラムとデータベースを連携したアプリを作成する時、接続先のリレーショナルデータベース（例えばMySQL／Oracleなど）に応じて、異なるコードを書く必要があったらどうでしょう。データベースサーバーの種類が変わった時は、すべてのプログラミングを見直す必要があります。これでは、プログラムの保守性と移植性が低くなってしまいます。

そのため、Javaのアプリでは、データベースアクセス用の共通APIであるJDBCを使ってアクセスをすることが一般的です。JDBCのAPIは、JDKの提供するAPIでjava.sqlパッケージに実装されています。

JDBCを使うことで、データベースの種類にかかわらず、共通のプログラムを書くことができます。また、データベースに接続するためのドライバーは、データベースの提供元から配布されていて、JDBCドライバーと呼ばれています。

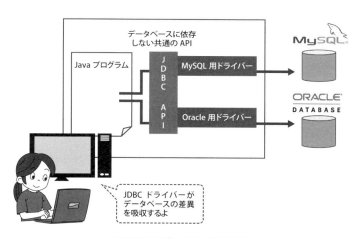

JDBCによるデータベースアクセス

MySQLで配布されているJava用のJDBCドライバーは「Connector/J」と呼ばれ、以下の公式サイトからダウンロードできます。

URL MySQL公式サイト JDBCドライバーダウンロードページ
http://dev.mysql.com/downloads/connector/j/

4.4.6　Webアプリのデプロイ

ここからは、WebアプリをTomcatに配置していきます。

まず、ダウンロードサンプルのwarファイルをEclipseで開きます。warファイルはダウンロードサンプルに/aws-rds-sample/WebAPSample.warがあるので、そちらを参照してください。サンプルファイルの構成は次のとおりです。

```
aws-rds-sample
├─WebAPSample.war
└─sampledb.sql
```

ダウンロードサンプルのフォルダー構成

■1 サンプルwarファイルのインポート

warファイルを読み込むため、Eclipseの［ファイル］-［インポート］を選択します。①［Web］-［WARファイル］を選択し、②［次へ］ボタンをクリックします。

Warファイルのインポート

次に、①インポートするwarファイルを指定します。ここで、②ターゲットランタイムを「Tomcat8（Java8）」にします。設定できたら、③［完了］ボタンをクリックします。

Warファイルの指定

Webライブラリーをインポートするためのダイアログが表示されますが、未選択の状態のまま[完了]ボタンをクリックします。

Webライブラリーのインポート

サンプルwarファイルのインポートが完了しました。

サンプルアプリのインポートが完了

2 データベース接続情報の修正

　サンプルのWebアプリは、JNDIでデータベースサーバーに接続します。そこで、サンプルのWebアプリにRDSへの接続情報を設定します。

　RDSの接続情報は、Eclipseのデータソースエクスプローラーで確認できます。①作成した「sampledb」を選択し、右クリックして②［プロパティー］をクリックします。

RDSの接続情報（1）

　ここで、①［ドライバーのプロパティー］を選択し、②［一般］タブをクリックすると、RDSの接続情報を確認できます。

4.4 TomcatによるWebアプリケーションサーバー構築

RDSの接続情報（2）

この情報を、サンプルアプリのJNDIの接続先情報に設定します。サンプルアプリの［WebContent］-［META-INF］にあるcontext.xmlを次のように変更してください。

リスト context.xmlの抜粋

```
<?xml version="1.0" encoding="UTF-8"?>
<!DOCTYPE configuration>
<Context>
  <Resource
    name="jdbc/AWS-RDS"
    auth="Container"
    type="javax.sql.DataSource"
    driverClassName="com.mysql.jdbc.Driver"
    factory="org.apache.tomcat.jdbc.pool.DataSourceFactory"
    url="jdbc:mysql://xxx.rds.amazonaws.com:3306/sampledb"
    username="dbuser"
    password="password" >
  </Resource>
  ...中略...
</Context>
```

<Resource>要素のurl属性にデータベースの接続先情報を指定します。ここに、AWSのRDSに接続するための接続情報を次の書式で設定します。

jdbc:mysql://(RDS のエンドポイント):3306/sampledb
MySQL 接続情報　　サーバー名.ドメイン名　　ポート番号 データベース名

RDSへの接続情報

たとえば、RDSのエンドポイントがsampledb.xxx.rds.amazonaws.comで3306番ポートにアクセスし、データベースの名前がsampledbの場合はurl属性が、「jdbc:mysql://xxx.rds.amazonaws.com:3306/sampledb」となります。

また、データベースに接続する時のユーザー名とパスワードを指定します。これはRDSインスタンスを生成した時に、AWSマネージメントコンソールで指定した[マスターユーザーの名前]と[マスターパスワード]のことです(4.3.4項)。

3 サンプルのwarファイルをエクスポート

コードの修正が終わったら、warファイルを作成します。Eclipseを使用している場合、[ファイル] - [エクスポート]で作成できます。①[Web] - [WARファイル]を選択し、②[次へ]ボタンをクリックします。

warファイルのエクスポート(1)

warファイルの出力先を①[宛先]に指定します。なお、②[ソース・ファイルのエクスポート]にチェックを入れると、EC2インスタンス上にソースコードが展開されるので、チェックを外してください。③[完了]ボタンをクリックすると、warファイルがエクスポートされます。

warファイルのエクスポート(2)

4 サンプルアプリのデプロイ

修正したサンプルアプリをEC2インスタンスにデプロイします。デプロイとは、開発環境で作成したアプリを実行環境に配置することです。Tomcatの場合、Eclipseで作成したwarファイルをTomcatの実行フォルダーに置くことでデプロイできます。

TeraTermで、Tomcat 8をインストールしたEC2インスタンスにログインします。

warファイルのアップロード

TeraTermのメニューで［ファイル］－［SSH SCP］を選択し、①［From］に作成したサンプルのWebAPSample.warを指定し、②［Send］ボタンをクリックして、ファイルをアップロードします。

EC2インスタンスで次のコマンドを実行し、EC2のホームディレクトリにアップロードしたWebAPSample.warをTomcat 8インストールフォルダーのwebapps配下にコピーします。

リスト warファイルのデプロイ
```
$ sudo cp /home/ec2-user/WebAPSample.war /usr/share/tomcat8/webapps/
```

これで、デプロイが完了しました。

補足：Java EEによるWebアプリのデータベース接続

クラウドや仮想環境などでは、データベースサーバーのアドレス情報は変化することがあります。もし、Webアプリ内にデータベースサーバーのアドレス情報をハードコーディングしてしまうと、保守性／移植性が低くなります。

そこで登場するのがJNDI（Java Naming and Directory Interface）です。JNDIとは、Javaプログラムからデータベースやディレクトリサービスなどにアクセスしてオブジェクトやデータなどを取得するためのインターフェイスです。JNDIでは、データベースへの接続情報をプログラム内ではなく、次のように設定ファイル内に定義します。

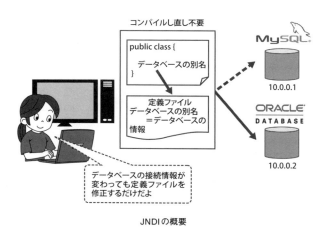

JNDIの概要

そのため、データベースのアドレスが変わっても、定義ファイルを変更すればよく、ソースコードを修正する必要がありません。

また、一般的に、Webアプリにおけるデータベースに接続する処理（コネクションの取得／解放）はインフラリソースに対して負荷が大きい処理の一つです。そのため、あらかじめデータベースへの接続（コネクション）をいくつか作成しておき、それを使いまわして効率的にアクセスできるようなしくみがあります。このしくみを**コネクションプーリング**といいます。

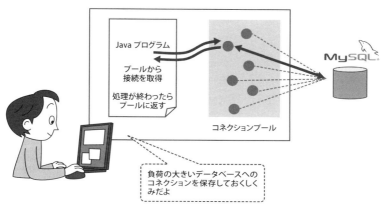

コネクションプーリングの概要

Tomcatでは、**Tomcat JDBC Pool**というコネクションプーリングの機能が実装されています。コネクションプーリングは、限られたインフラリソースを効率よく使うためのしくみで、大規模で負荷の高いシステムでは必須です。

4.4.7 Tomcat 8 の起動

Tomcat 8のインストール／設定が完了したら、次のコマンドでTomcat 8サーバーを起動します。

リスト Tomcat 8の起動

```
$ sudo service tomcat8 start
Starting tomcat8: [ OK ]
```

EC2インスタンスを再起動した時にも、Tomcat 8を自動起動させるため、次のコマンドを実行します。

リスト Tomcat 8の自動起動

```
$ sudo chkconfig tomcat8 on
$ chkconfig --list |grep tomcat
tomcat8         0:off   1:off   2:on    3:on    4:on    5:on    6:off
```

■ TomcatのGUIツールを使ったデプロイ

Tomcatの管理ツールを使うと、WebのGUIからもアプリをデプロイできます。

管理ツールは、次のコマンドでインストールできます。

リスト Tomcat 8の管理ツールをインストール
```
$ sudo yum -y install tomcat8-admin-webapps
Loaded plugins: priorities, update-motd, upgrade-helper
〜中略〜

Installed:
  tomcat8-admin-webapps.noarch 0:8.0.30-1.57.amzn1

Complete!  … インストールの成功
```

インストールが完了したら、管理ユーザーを作成します。/usr/share/tomcat8/conf配下に、設定ファイルtomcat-users.xmlがあるので、管理ユーザーの認証情報を追加します（太字部分）。

リスト tomcat-users.xmlの抜粋
```
<?xml version='1.0' encoding='utf-8'?>
<tomcat-users xmlns="http://tomcat.apache.org/xml"
              xmlns:xsi="http://www.w3.org/2001/XMLSchema-instance"
              xsi:schemaLocation="http://tomcat.apache.org/xml tomcat-users.xsd"
              version="1.0">
〜中略〜
<role rolename="manager-gui"/>
<user username="tomcat" password="s3cret" roles="manager-gui"/>

〜中略〜
</tomcat-users>
```

設定ファイルを修正したら、次のコマンドでTomcatを再起動します。なおここでは、パスワードを平文で扱っていますが、ダイジェスト化するなどのセキュリティ対策を行うことをお勧めします。

リスト Tomcat8の再起動
```
$ sudo service tomcat8 restart
Starting tomcat8:  [  OK  ]
```

EC2インスタンスのPublicDNSの8080番ポートにアクセスします。たとえば、EC2インスタンスのPublic DNSがec2-xxx.amazonaws.comの時は、次のURLになります。

```
http://ec2-xxx.amazonaws.com:8080/manager
```

認証ダイアログが表示されるので、tomcat-users.xml で設定したユーザー名「tomcat」、パスワード「s3cret」を入力します。Webアプリケーションマネージャーが表示されるので、GUIからアプリのデプロイなどができます。

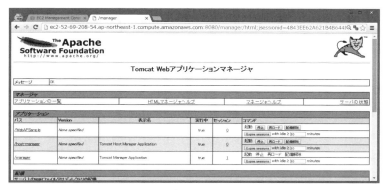

Tomcat Webアプリケーションマネージャー

4.4.8　Webアプリの動作確認

Tomcat 8が起動したら、動作確認をします。EC2インスタンスのアクセス先のURLは、Eclipseの［EC2 Instances］ビューでインスタンス名を右クリックし、［Copy Public DNS Name］を選択すると、クリップボードにコピーできます。Tomcat 8は、ポート番号8080を使用してクライアントと通信します。

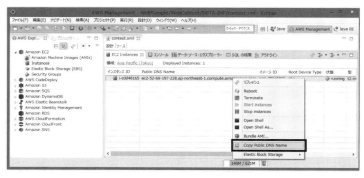

EC2インスタンスのアクセス先URL確認

ブラウザーから次のようなURLでアクセスし、サンプルWebアプリの動作を確認します。

http://(EC2のパブリックDNSまたはパブリックIP):8080/WebAPSample/top.jsp
プロトコル　　　サーバー名.ドメイン名　　　ポート番号　　war名　　ファイル名

Webアプリへのアクセス

たとえば、EC2インスタンスのPublic DNSがec2-xxx.amazonaws.comの時は、URLは以下のようになります。

http:// ec2-xxx.amazonaws.com:8080/WebAPSample/top.jsp

サンプルWebアプリへのアクセス

正しくアクセスできると、EC2上にデプロイしたサンプルアプリが表示されます。[DBの値取得]ボタンをクリックすると、RDS上に登録されたデータを取得できます。

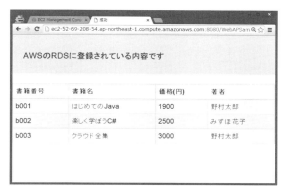

RDSの接続確認

このように、EC2とRDSを連携させてWebアプリを作成できます。データベースのマネージドサービスであるRDSを使うことで、データベースの構築や運用にかかる負荷を大きく減らすことができます。

4.4.9　Webアプリケーションサーバー用AMIの作成

これまでに作成した環境をもとにして、Webアプリケーションサーバー用AMIを作成しておきます (ここで作成したAMIは、第5章のネットワーク構築で使用します)。

まず、AWSマネージメントコンソールで作成したWebAPSampleのEC2インスタンスを選択し、いったん停止します。そして、コンテキストメニューの [イメージ] - [イメージの作成] をクリックします。

カスタムAMIの作成

表示されたダイアログの①［イメージ名］フィールドに任意の名前を設定します。ここでは、「WebAPSample」を設定します。②［イメージの作成］ボタンをクリックして、AMIを作成します。

カスタムAMIの作成

AMIが作成できているかを確認するには、AWSマネージメントコンソールのメニューから①［AMI］を選択すると、②作成したAMIの一覧が表示されます。

カスタムAMIの確認

カスタムAMIを生成しておけば、同じ構成のEC2インスタンスをいくつも稼働させることができます。

5章 ネットワークの構築

　クラウド環境でシステムを運用する時に注意しなければいけないことは、セキュリティです。特に、AWSのようなパブリッククラウドの場合、物理的に遮断させることが可能なオンプレミス環境と異なり、ちょっとした設定ミスで、重要な情報がインターネット上に漏えいしてしまう恐れがあります。

　しかし、やみくもに怖がる必要はありません。セキュリティ要件に従って、適切に設計して正しい設定を行えば、クラウド環境でセキュアなシステムの構築ができます。

　本章では、AWSを利用するうえで知っておきたいネットワークやセキュリティの基礎知識と、AWSファイアーウォール機能である、「セキュリティグループ」や仮想ネットワークを構築する「VPC」の使い方を紹介します。

5.1 ネットワークの基礎技術

　ここまで、コンテンツを公開するWebサーバーやWebアプリの実行環境を、さまざまなAWSのサービスを使って構築する手順を説明してきました。これらのWebサーバーを安全に運用するためには、ネットワークの基礎知識が欠かせません。

　とりわけ、Webアプリにとっては、どのようにネットワークを構築するかが重要です。多数のクライアントPCからのリクエストを効率よく処理して、快適なレスポンスで処理結果を表示させるだけでなく、アプリで取り扱うさまざまな機密情報を不正アクセスから守るなど、Webアプリの実行環境におけるネットワーク要件は多岐に亘ります。

　ここでは、AWSでネットワークを構成するために知っておきたい基礎技術を説明します。

5.1.1 ネットワークアドレス

　Webアプリを実行するためには、サーバーやクライアント、各種ネットワーク機器などを相互に接続し、通信できる環境を構築しなければなりません。これらの環境をネットワークと呼びます。ネットワークの世界では、サーバーであろうがスイッチ／ルーターであろうが、ネットワークを構成する機器のことを**ノード**と呼びます。

　このノードを識別するためにネットワークアドレスを使います。ネットワークアドレスには、次の2つがあります。

■ MACアドレス（物理アドレス／イーサネットアドレス）

　MACアドレスは、**NIC（ネットワークインターフェイスコントローラ）** に物理的に割り当てられた48ビットのアドレスです。NICとは、ネットワーク内で通信を行うためのハードウェアで、有線LANの場合は、ネットワークアダプタ、無線LANの場合は、Wi-Fiアダプタなどの総称です。同一のネットワーク内でノードを識別する時に使います。

　MACアドレスは、前半24ビットはネットワーク部品のメーカーを識別する番号、後半24ビットは各メーカーが重複しないように割り当てています。一般的には16進数表記で表し、先頭から2バイトずつ区切って表します。

　MACアドレスは、物理的なネットワーク部品ごとに固有に割り当てられたもの

で、原則として、利用者が勝手に変更しないものです（装置によっては利用者が書き換え可能なものもあります）。OSI基本参照モデルの第2層であるデータリンク層で使われます。

■ IPアドレス

インターネット／イントラネットに接続されたコンピューターやネットワーク機器に割り当てられた識別番号です。MACアドレスとは異なり、ネットワーク管理者がサーバーや機器のNICに任意の値を割り当て可能です。

現在広く普及しているIPv4では、32ビットで表されます。しかし、2進数の表記では、人間が理解しにくいため、「192.168.0.1」のように、8ビットずつ4つに区切られた値を0から255までの10進数の数字に変換し、それを4つ並べて表します。

0と1ばかりで分かりにくいわ

2進数での表記　11000000101010000000000000000001

8桁ごとを10進数にするとだいぶ分かりやすくなるよ

11000000.10101000.00000000.00000001

10進数での表記　192 . 168 . 0 . 1

IPアドレスの表記

> **NOTE**
>
> **IPアドレスの枯渇**
>
> IPv4では、2の32乗（約42億台）までしか1つのネットワークに接続することができないため、近年、インターネットで利用するIPアドレスが枯渇することが懸念されています。このため、業務システムで使う社内ネットワーク内部では、プライベートアドレスを使い、インターネットとの境界にグローバルアドレスとプライベートアドレスの変換を行う機器（NAT）を設置して運用しています。
>
> 新しいIPv6というアドレス体系もあります。こちらでは128ビットでIPアドレスを表すので、IPv4よりをはるかに上回るネットワーク機器を管理できます。
>
> インターネット上のグローバルアドレスの割り当ては、世界中で重複がないように各国のNIC（ネットワークインフォメーションセンター）が管理しています。

IPv4アドレスは、32ビットのうち、ネットワークアドレスとホストアドレスの2つから構成されています。

ネットワークアドレスは、同一ネットワークでは同じ値が割り当てられます。32ビットのうち、先頭から何ビットをネットワークアドレス部で割り当てるかを任意に決められます。

ホストアドレスは、ネットワーク内でノードが持つネットワークインターフェイスごとに割り当てることができます。同じネットワーク内では、重複するIPアドレスを割り当てることができません。

11000000.10101000.00000000.00000001

ネットワークアドレス部 ／ ホストアドレス部

32ビットを、ネットワークアドレスとホストアドレスに分割するよ

ネットワークアドレス部とホストアドレス部

> **NOTE ネットワークアドレス部とホストアドレス部の考え方**
>
> ネットワークアドレス部とホストアドレス部は、ホテルの部屋番号の割り当てをどうするかを考える時に似ています。
>
> たとえば、1フロアに100部屋以上ある、8階建てのホテルの場合を考えてみます。6階の部屋に「601、602、603……」と部屋番号を付けるとします。しかし、フロアに100部屋以上あるため、部屋番号が足りなくなります。かといって、1階の角部屋から8階の部屋まで0001からの通し番号を割り当てると、宿泊客は部屋番号から「宿泊する部屋が何階なのか？」かが分からないため、部屋にたどり着くのに不便です。
>
> このホテルの場合、部屋番号を6001のように、先頭1桁を階、以降3桁をフロアの部屋に任意に割り当てられる部屋番号にすると効率よく部屋を管理できます。
>
> ここでいう、部屋番号6001のうち階を表す「6」が、ネットワークアドレス部であり、フロアごとに自由に割り当てできる番号である「001」がホストアドレス部ということになります。
>
> IPアドレス32ビットのうち、どこまでをネットワークアドレス部に割り当てればよいかは、このホテルの例と同じように「どのような用途／どのような規模でネットワークを構成したいか」という要件によります。

ネットワークアドレスとホストアドレスをどこで区別するかを表すには、次の2つの表記法があります。

■ サブネットマスクによる表記

サブネットマスクは、ネットワークアドレス部を「1」、ホストアドレス部を「0」とします。サブネットマスクは、32桁の2進数で表されます。サブネットマスクもIPアドレスと同様に、8桁ごとに区切った10進数で表します。

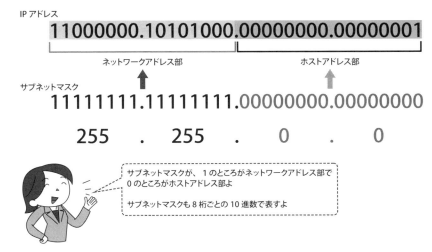

サブネットマスク表記

■ CIDRによる表記

サブネットマスクより簡潔にネットワークアドレス部とホストアドレス部の分割を表すための表記として、CIDR (Classless Inter-Domain Routing) があります。ネットワークアドレス部は、32ビットのうち先頭からnビットを使って表記されます。そこで、ネットワークアドレス部を何ビット使用するかを、IPアドレスの後ろに付加します。

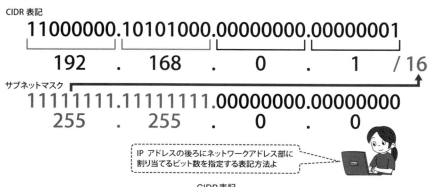

ホストアドレス部には、次の2つのアドレスを除いて、任意の値を割り当てられます。

- ネットワークアドレス（ホストアドレス部がすべて0）
- ブロードキャストアドレス（ホストアドレス部がすべて1）

たとえば、192.168.0.0/16の場合、ホストアドレス部は16ビットを割り当てられます。したがって、2の16乗から2を引いた台数分にIPアドレスを割り当てできます。つまり、192.168.0.1から192.168.255.254までの65534個のIPアドレスを自由に使えます。

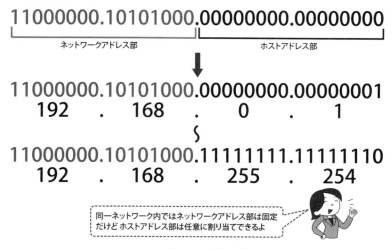

IPアドレスの割り当て範囲

同様に192.168.0.0/24の場合、ネットワークアドレス部に24ビット割り当てるので、ホストアドレス部に残りの8ビットを割り当てます。2の8乗から2を引いた台数分にIPアドレスを割り当てられます。つまり、192.168.0.1から192.168.0.254までの254個のIPアドレスを利用できるということです。

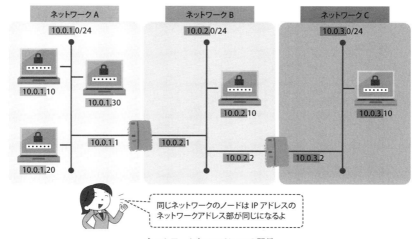

ネットワークとIPアドレスの関係

ネットワークアドレスをどのように割り当てるかは、ネットワークを構成したいノードの台数や、ネットワークの持つ役割やセキュリティ要件、今後の拡張性などをふまえて検討するとよいでしょう。

5.1.2　ネットワークプロトコル

通信を行う時は、必ず相手が必要で、自分と相手がお互いに理解できるように話すには、どんな言葉を使うかなどといった取り決めが必要です。

プロトコルとは、規約という意味で、**ネットワークプロトコル**とは「お互いにどのような取り決めで通信を行うか」という規約のことです。業務システムでよく使われる通信には、Webやメール送受信、ファイル転送やセキュアシェルなどがありますが、これらにはそれぞれネットワークプロトコルが定められています。

ここではネットワークプロトコルをつまびらかにするために、OSI基本参照モデルについて紹介します。OSI基本参照モデルとは、コンピューターの通信機能を階層構造に分割した概念モデルです。国際標準化機構（ISO）によって策定されています。

OSI基本参照モデルでは、通信プロトコルを7つの階層に分けて定義しているのが特徴です。1〜4層を下位層、5〜7層を上位層と呼びます。

階層化することでさまざまな技術同士の相互接続性を確保しているんだ。ネットワーク技術の基本になっているよ

OSI基本参照モデル		代表プロトコル	代表通信機器
第7層(L7)	アプリケーション層	HTTP・DNS・SMTP・SSH	ファイアーウォール、ロードバランサ
第6層(L6)	プレゼンテーション層		
第5層(L5)	セッション層		
第4層(L4)	トランスポート層	TCP・UDP	
第3層(L3)	ネットワーク層	IP・ICMP	ルーター、L3スイッチ
第2層(L2)	データリンク層	Ethernet	L2スイッチ、ブリッジ
第1層(L1)	物理層	—	リピーターハブ

OSI基本参照モデル

- **アプリケーション層（第7層／レイヤー7／L7）**

    アプリケーション層は、WebのHTTPやメール転送のSMTPなど、アプリに特化したプロトコルを規定します。

- **プレゼンテーション層（第6層／レイヤー6／L6）**

    プレゼンテーション層は、データの保存形式や圧縮、文字コードなどのデータの表現形式を規定します。

- **セッション層（第5層／レイヤー5／L5）**

    セッション層は、コネクション確立のタイミングやデータ転送のタイミングを規定します。セッションはアプリ間で起こる要求（リクエスト）と応答（レスポンス）で構成されます。

- **トランスポート層（第4層／レイヤー4／L4）**

    トランスポート層は、データ転送の制御を行います。伝送エラーの検出や、再送を規定します。代表的なプロトコルにTCPやUDPがあります。かんたんにいうと、通信相手のノードにデータを確実に送る役割をするのがトランスポート層です。

- **ネットワーク層（第3層／レイヤー3／L3）**

    ネットワーク層は、異なるネットワーク間で通信するための規定です。異なるネットワークにデータのパケットを転送することを**ルーティング**といいます。ネットワーク層で動作する、代表的な通信機器は、ルーターやL3スイッチが

あります。これらの機器は、パケットをどこからどこに転送するかの情報（**ルーティングテーブル**と呼ばれます）を管理しています。

- **データリンク層（第2層／レイヤー2／L2）**

  データリンク層は、同じネットワーク内にあるノード間での通信を規定します。データリンク層では、MACアドレスによるデータ転送が行われます。データリンク層で動作する代表的な通信機器には、L2スイッチがあります。L2スイッチは、通信したいノードがどのポートにつながっているかをMACアドレスによって判断してパケットを伝送します。

- **物理層（第1層／レイヤー1／L1）**

  物理層は、通信機器の物理的、電気的な特性を規定します。データをどのように電圧や電流の値に割り当てるかや、ケーブルやコネクタの形状などを規定します。たとえば、LANケーブルとして使われるツイストペアケーブル（STP/UTP）や、Ethernetの規格である100BASE-T～1000BASE-Wなどです。また有線による通信だけではなく、IEEE802.11シリーズの無線通信などもあります。

5.1.3　ファイアーウォールとルーター

ネットワークを構成する機器や技術は多数ありますが、ネットワークを制御する機能を持つ**ファイアーウォール**と**ルーター**はネットワーク全体を理解するうえで、特に押さえておきたい基礎技術です。

■ ファイアーウォール

ファイアーウォールは、内部ネットワークとその外部との通信を制御して、内部ネットワークの安全を維持するための技術です。一般的なファイアーウォールにはいくつかの種類があります。

- **パケットフィルタ型**

  ネットワークを流れるデータのかたまりを**パケット**と呼びます。パケットには、通信に必要な送信元のIPアドレス／送信元のポート番号／送信先のIPアドレス／送信先のポート番号などの情報が含まれます。

  パケットフィルタ型は、通過するパケットをポート番号やIPアドレスをもとにフィルタリングする方法です。

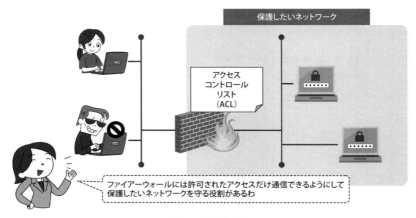

パケットフィルタ型

　たとえば、「あるIPアドレスからポート番号80番ポート（http）と443番ポート（https）宛のパケットだけが通過してよい」「特定のネットワークから届いたパケット以外はすべて破棄する」などのルールを決めて、そのルールに基づいてパケットをフィルタリングします。パケットフィルタリングのルールのことを、**アクセスコントロールリスト（ACL）** と呼びます。

- **アプリケーションゲートウェイ型**
　パケットではなく、アプリケーションプロトコルのレベルで外部との通信を代替し、制御するものです。一般的にはプロキシサーバーと呼ばれています。プロキシとは代理という意味です。代表的なものは、オープンソースのプロキシサーバーである「squid」などがあります。

　ファイアーウォールの構築は、専用の機器（アプライアンス）を購入する場合と、物理サーバーを購入して構築する場合があります。AWSにはファイアーウォールに相当するサービスが用意されています。

■ ルーター

　ルーターは、2つ以上の異なるネットワーク間を中継するためのネットワーク機器です。OSI基本参照モデルの第3層であるネットワーク層で動作し、どのルートを通してデータを転送するかを判断するための**経路選択**の機能を持っています。
　経路選択には、ルーターにあらかじめ設定されたルーティングテーブルをもとに決める静的ルーティング（Static Routing）と、ルーティングプロトコルに基づ

き決定する動的ルーティング（Dynamic Routing）があります。動的ルーティングでは、ルーターがお互いの経路情報を交換し合って最適な経路を決定します。

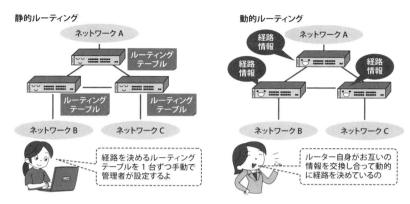

ルーティングプロトコル

ルーターとほぼ同じ機能を持つ**L3スイッチ**（レイヤー3スイッチ）は、接続できるイーサネットのポートの数が多いため、業務システムの現場ではよく利用されています。ルーターは、専用の機器を購入する場合や、物理サーバーを購入して構築する場合があります。AWSでは、論理的にルーティングを行う**仮想ルーター**の機能があります。

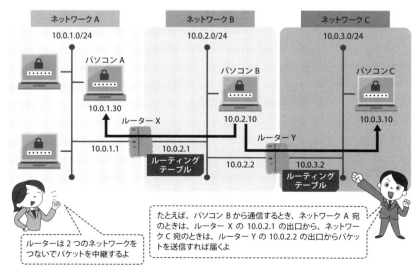

ルーティングの概要

5.2 セキュリティグループによるパケットフィルタリング

第4章では、EC2とRDSを使ってWebアプリの実行環境を構築しました。この環境をよりセキュアにするため、AWSの「セキュリティグループ」を使って、必要な通信のみ許可するファイアーウォールを設定する手順を説明します。

5.2.1 セキュリティグループとは

セキュリティグループとは、AWSのインスタンスに対するアクセス（Inbound）とインスタンスからのアクセス（Outbound）に対するパケットを、ポート番号で制御するための設定のことです。

たとえば、EC2インスタンスにWebサーバーを構築したとします。Webサーバーは、インターネット上にHTMLファイルを公開するためのサーバーであり、HTTPプロトコル（80番ポート）を使って通信します。そのため、80番ポートに関する通信は許可する必要がありますが、一方、80番ポート以外の、必要のない通信は、不正アクセスに利用される恐れもあるため、遮断すべきです。

これらのパケットのフィルタリングポリシーを定義したものが**セキュリティグループ**です。システム全体のセキュリティ要件に応じたセキュリティグループを作成して、EC2のインスタンスに割り当てることで、ポートごとの通信を任意に制御できます。

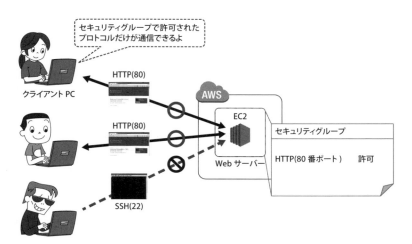

セキュリティグループの概要

セキュリティグループは、EC2インスタンスだけでなく、RDSインスタンスにも適用できます。とりわけRDSインスタンスでは、アプリで取り扱う機密情報を扱います。そのため、より厳格にセキュリティグループの設定を検討すべきです。

AWSでセキュリティグループを作成する時は、どこから、どこに対して、どのポートを許可／遮断するか、を定義します。一般的なファイアーウォールでいうところの**アクセスコントロールリスト**に相当します（5.1.3項）。

5.2.2 セキュリティポリシーの検討

セキュリティグループを作成するにあたり、セキュリティポリシーを検討することが重要です。セキュリティポリシーとは、情報資産のセキュリティ方針をとりまとめたもので、システム全体で策定されることが一般的です。セキュリティポリシーには「どのような情報資産を、どのような脅威から、どのようにして守るのか」について定められています。

ここでは、サンプルアプリにおいて、「RDSインスタンスで管理している書籍情報が不正漏えいしないよう対策を施す」ためのポリシーを考えてみます。

まず、第3章の手順で構築したEC2とRDSのWebアプリ実行環境は、次のようにセキュリティグループが設定されています。

- **Webアプリケーションサーバー（WebAPSample）**
  すべての送信元からの22番ポートと8080番ポートへの通信を許可

- **データベースサーバー（RDSSample）**
  すべての送信元からの3306番ポートへの通信を許可

現状のセキュリティグループの設定の場合、次の図のような通信がすべて許可されています。そのため、悪意を持ったユーザーが、Webアプリケーションサーバーやデータベースサーバーにアクセスし、不正な操作を行う恐れがあります。

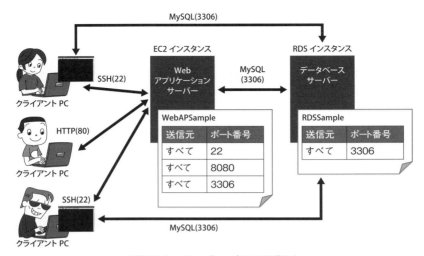

現状のセキュリティグループによる通信経路

　データベースサーバーであるRDSインスタンスには、機密情報が含まれることもあります。そのため、不正アクセスによって情報漏えいなどのセキュリティ事故がおこる可能性もあります。

　そのため、以下の図のように、不要な通信は許可しないよう、セキュリティグループを変更します。

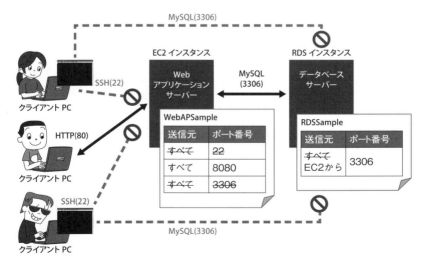

必要な通信のみを許可したセキュリティグループによる通信経路

セキュリティグループは、次のように設定します。

- **Webアプリケーションサーバー（WebAPSample）**
  任意の場所から8080番ポートへの通信を許可
- **データベースサーバー（RDSSample）**
  EC2インスタンスからのみ3306番ポートへの通信を許可

なお、EC2のセキュリティグループでは、ルールに定義されていない通信は、すべて破棄します。そのため、ルールにないSSHなどの通信は遮断されます。

> **NOTE　ファイアーウォールの設定**
>
> ファイアーウォールの設定には、製品やサービスによってさまざまなルールの定義方法があります。AWSのセキュリティグループのように、ルールに定義された通信は安全なので許可するが、明示的に書かれていないものは遮断する方式のことを**ホワイトリスト方式**と呼びます。

5.2.3　EC2セキュリティグループの修正手順

それでは、このポリシーをEC2上で修正する手順を説明します。なお、以降の手順は、第4章の環境が構築済みであることを前提とします。

1　セキュリティグループの選択

AWSマネージメントコンソールで、[EC2]をクリックします。

EC2のマネージメントコンソール

EC2メニューの①[セキュリティグループ]メニューをクリックすると、セキュリティグループの一覧が表示されます。ここでWebアプリケーションサーバー用のセキュリティグループを編集するため②[WebAPSample]を選択します。

セキュリティグループには、③[グループID]というグループを一意に識別するIDが付与されます。

セキュリティグループの編集

2 インバウンドとアウトバウンドの修正

セキュリティグループの指定には、「インバウンド」と「アウトバウンド」があります。インバウンドとは、インターネットを含む外部ネットワークからEC2インスタンスへの通信のポリシーのことです。一方、アウトバウンドは、EC2インスタンスから、インターネットを含む外部ネットワークへの通信ポリシーのことです。

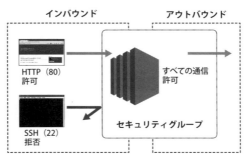

インバウンドとアウトバウンド

5.2 セキュリティグループによるパケットフィルタリング

セキュリティグループのルールで設定できる項目は以下のとおりです。

ルールの設定

項目	説明
タイプ	通信を許可するプロトコル。SSHやHTTPなどプロトコルを選択するか、カスタムポートまたはポート範囲を手動で入力することもできる
プロトコル	通信プロトコルの種類。TCP ／ UDP ／ ICMPなどを指定できる
ポート範囲	ポート番号。8080-8085などポート番号の範囲（レンジ）を指定することもできる
送信元	どこからの通信なのかを指定。IPアドレスまたはCIDR表記でのネットワークを指定。他のセキュリティグループ名を指定することもできる。なお、任意の場所からのアクセスを許可する時は、0.0.0.0/0を指定する

それでは、具体的にルールを変更します。まず、5.2.2項で決めたセキュリティポリシーに基づいて、インターネットを含む外部ネットワークからEC2インスタンスへの通信ポリシーであるインバウンドを設定します。

［インバウンド］タブをクリックします。

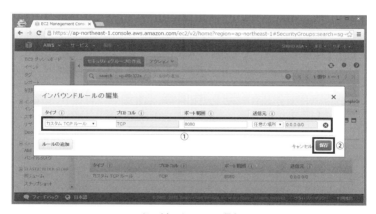

インバウンドルールの保存

ダイアログが表示されるので、EC2インスタンスに対して、Apache Tomcatが使用する8080番ポートの通信を許可するため、①を表のように設定します。

インバウンドのルール

タイプ	プロトコル	ポート範囲	送信元
カスタムTCPルール	TCP	8080	任意の場所 0.0.0.0/0

ここで、8080番ポートは、クライアントからアクセスできるよう、任意の場所である0.0.0.0/0を指定します。

ルールを入力できたら、②［保存］ボタンをクリックします。なお、複数のルールを追加する時は、［ルールの追加］ボタンをクリックします。また、削除する時は、ルールの右に表示されている［×］をクリックします。

同様にして、EC2から外部ネットワークへの通信を［アウトバウンド］タブで設定します。

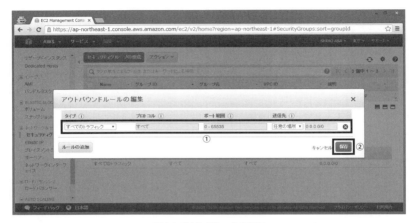

アウトバウンドルールの保存

アウトバウンドのルール

タイプ	プロトコル	ポート範囲	送信元
すべてのトラフィック	すべて	0-65535	任意の場所0.0.0.0/0

EC2からすべての通信を許可するため、①を表のように設定して、②［保存］ボタンをクリックします。

これで、EC2インスタンスに適用されたWebAPSampleセキュリティグループの設定が完了しました。

5.2.4 RDSセキュリティグループの修正手順

続いて、RDSインスタンスのセキュリティグループのポリシーを設定します。手順は、EC2インスタンス用のセキュリティグループの修正と同じです。AWSマネージメントコンソールで［EC2］をクリックします。

■1 RDSインスタンスのIPアドレス確認

RDSインスタンスへの通信をEC2インスタンスからに限定するため、まず、EC2インスタンスのプライベートIPアドレスを調べます。

EC2メニューの①［インスタンス］メニューをクリックすると、管理しているEC2インスタンスの一覧が表示されます。

EC2インスタンスのIPアドレス確認

ここで、②「WebAPSample」というタグのEC2インスタンスを選択します。

EC2インスタンスのIPアドレスは、③［プライベートIP］に表示されます。図の例の場合だと、「172.31.30.135」がIPアドレスになります。この値をひかえておきます。

■2 インバウンドとアウトバウンドの修正

次に、セキュリティグループを変更します。［ネットワーク＆セキュリティ］の［セキュリティグループ］メニューをクリックすると、セキュリティグループの一覧が表示されます。ここでRDSインスタンス用のセキュリティグループを編集するため［RDSSample］を選択します。

EC2インスタンス用のセキュリティグループと同様に、5.2.2項で決めたセキュリティポリシーに基づいて、インターネットを含む外部ネットワークからRDSインスタンスへの通信ポリシーであるインバウンドを設定します。

［インバウンド］タブをクリックします。

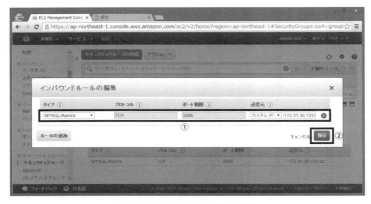

EC2インスタンスのIPアドレス確認

　RDSインスタンスに対して、MySQLが使用する3306番ポートの通信を許可するため、①を表のように設定します。

インバウンドのルール

タイプ	プロトコル	ポート範囲	送信元
MySQL/Aurora	TCP	3306	カスタムIP ／ EC2インスタンスのIPアドレス （例：172.31.30.135/32）

　ここで、送信元をEC2インスタンス限定にするため、「カスタムIP」とし、設定するIPアドレスを手順①でひかえたEC2インスタンスのプライベートIPアドレスに設定します。IPアドレスは、CIDR形式にするので、「172.31.30.135/32」のように指定します。設定が完了したら、②［保存］ボタンをクリックします。
　同様に、RDSから外部ネットワークへの通信を［アウトバウンド］タブで設定します。RDSからすべての通信を許可するため、以下のように設定して［保存］ボタンをクリックします。

アウトバウンドのルール

タイプ	プロトコル	ポート範囲	送信元
すべてのトラフィック	すべて	0-65535	任意の場所 0.0.0.0/0

　これで、セキュリティポリシーに準拠したセキュリティグループの修正が終わりました。

5.2.5 セキュリティ設定の動作確認

セキュリティポリシーに基づいたセキュリティグループが完了したら、動作確認を行います。

1 クライアントPCからEC2インスタンスへの通信確認

まずは、設定したEC2インスタンスでデプロイしたサンプルWebアプリが正しく動作するかを確認します。AWSマネージメントコンソールを起動し、EC2を選択します。[インスタンス]をクリックし、稼働している「WebAPSample」というタグのEC2インスタンスのパブリックDNSまたはパブリックIPの値を確認します。

ブラウザーから次のようなURLでアクセスし、サンプルWebアプリの動作確認をします。

> http:// (EC2のパブリックDNSまたはパブリックIP) : 8080/WebAPSample/top.jsp
> プロトコル　　　　サーバー名.ドメイン名　　　　　　　ポート番号　　war名　　ファイル名
>
> Webアプリへのアクセス

ここでは、セキュリティグループでEC2インスタンスへの8080番ポートへの通信を許可したので、トップページが表示されます。

EC2インスタンスの動作確認

2 EC2インスタンスからRDSインスタンスへの通信確認

次に、EC2インスタンスからRDSインスタンスへのアクセスができるかどうか

を確認します。トップページに表示された［DBの値取得］ボタンをクリックします。

EC2インスタンス上のサンプルWebアプリからRDSインスタンスの3306番ポートにアクセスし、RDSインスタンス上に格納したデータが取得できているのが分かります。

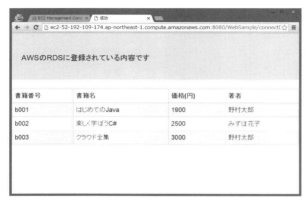

Webサイトの動作確認

3 クライアントPCからEC2インスタンスへのSSH通信確認

次に、EC2インスタンスに対して、SSHでアクセスできるかを確認します。TeraTermを起動し、接続ダイアログで［ユーザー名］を「ec2-user」とします。［RSA/DSA鍵を使う］を選択し、EC2インスタンスを生成した時に指定したアクセスキーのファイル（AWSKeypair.pem）を指定します。しかしながら、EC2セキュリティグループでSSH（22番ポート）の通信を許可していないため、EC2インスタンスに接続できません。

TeraTermでの接続エラー

4 クライアントPCからRDSインスタンスへの通信確認

セキュリティグループの設定で、RDSインスタンス上のMySQLの利用ポートである3306番ポートへのアクセスは、EC2インスタンスからのみに限定しました。そのため、任意のクライアントPCから、RDSインスタンスに直接アクセスできないことを確認します。

MySQLをインストールしたクライアントPCから、次のコマンドを実行して、RDSインスタンスに接続します。RDSインスタンスへの接続方法については、4.3.6項を参照してください。

リスト MySQLへのリモートログイン

```
>mysql -u dbuser -P 3306 -h sampledb.xxxxx.ap-northeast-1.rds.amazonaws.com -p
Enter password: ********

ERROR 2003 (HY000): Can't connect to MySQL server on 'sampledb.xxxxx.ap-northeast-1.rds.↩
amazonaws.com' (10060)
```

確かに、クライアントPCからはRDSインスタンスにアクセスできないことが確認できます。

ここで、いったん起動したEC2インスタンスとRDSインスタンスを削除しておきましょう。

5.3 VPCによる仮想ネットワーク構築

前節では、セキュリティグループを設定して、EC2インスタンスやRDSインスタンスにアクセスを制御しました。しかし一般的には、サーバーの要件に応じて、ネットワーク分割してアクセス制御した方が、より高いレベルでセキュリティを確保できます。

AWSでは、**Amazon VPC（Amazon Virtual Private Cloud）**を使って、クラウド上に仮想ネットワークを作成できます。要件に応じてネットワークを分割し、そのセグメント内にサーバーを配置することで、AWSのネットワークの中でプライベートネットワークに相当する領域を作成できます。

ここでは、ネットワーク構築の手順やVPCの使い方を説明します。

5.3.1 Amazon VPCとは

Amazon VPCは、AWSで仮想ネットワークを作成するためのサービスです。

ネットワーク要件に基づいたIPアドレス範囲の選択や、サブネットの作成、仮想ルーターによるルーティング機能、ゲートウェイの設定などの機能を使って、クラウド上に任意のネットワークを構築できます。

さらに、AWS上にVPCで構成したネットワークとオンプレミスのデータセンター間で仮想プライベートネットワーク（VPN）接続を作成できるので、AWSの各サービスをオンプレミスのデータセンターから直接利用できます。

> **URL** VPC公式
> http://aws.amazon.com/jp/documentation/vpc/

5.3.2　ネットワーク構成の検討

それでは、VPCを使った仮想ネットワークを構築していきます。ネットワークを構築する時は、まず、ネットワーク全体の構成を検討する必要があります。ネットワークを構築する時は、次のようなことを検討します。

- どのように管理するサーバーを分けるか
- サブネットはどのように分割するか
- IPアドレスをどう割り当てるか
- ルーティングをどうするか
- ファイアーウォールをどうするか

一般的なアプリにおいて、顧客情報や経営情報などの重要データは、データベースによって管理します。

データベースには、Webアプリケーションサーバー経由でアクセスしますが、Webアプリではデータベースサーバーへの接続情報を保持しています。そのため、万が一、Webアプリケーションサーバーが外部からの侵入で乗っ取られた場合、データベースにも被害が及ぶ恐れがあります。

オンプレミス環境では、データベースサーバーやWebアプリケーションサーバーは、インターネットから直接アクセスができない内部ネットワーク内に配置する構成を取ることが多くなっています。そこで、AWS上でもVPCを使って、1つの仮想ネットワーク（10.0.0.0/16）を作成し、次のネットワーク構成図のように分割してネットワークを構成していきます。

5.3 VPCによる仮想ネットワーク構築

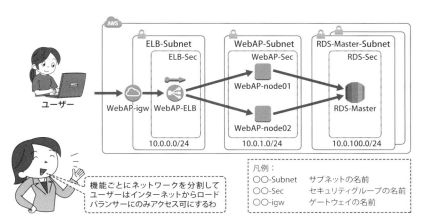

全体のネットワーク構成

- **ELBサブネット（ELB-Subnet）**

  クライアントPCからのリクエストを受け付けるロードバランサーを配置するためのネットワークです。ネットワークアドレスは、10.0.0.0/24を割り当てます。

  ロードバランサーには、ElasticIPを使ってグローバルIPアドレスを割り当てます。他のサブネットとは異なり、インターネットへの接続ができるゲートウェイ（WebAP-igw）を設けてルーティングを設定するのが特徴です。

  ロードバランサー配下のWebアプリケーションサーバーにアクセスできるよう、Apache Tomcatが利用する8080番ポートの通信を許可するセキュリティグループ（ELB-Sec）を作成します。

- **WebAPサブネット（WebAP-Subnet）**

  Webアプリケーションサーバーを動作させるEC2インスタンスを配置するためのネットワークです。ネットワークアドレスは、10.0.1.0/24を割り当てます。

  EC2インスタンスへのアクセスは、ロードバランサーからのものに限定します。そこで、ELB-Subnet（10.0.0.0/24）からのみApache Tomcat（8080番ポート）への通信を許可するセキュリティグループ（WebAP-Sec）を作成します。

- **RDSサブネット（RDS-Master-Subnet ／ RDS-Slave-Subnet）**

  RDSインスタンスを配置するためのセグメントです。ネットワークアドレスは、10.0.100.0/24および10.0.200.0/24の2つのサブネットを割り当てます。VPC内でRDSインスタンスを動作させるには、異なるアベイラビリティーゾーンでネットワークを作成する必要があるためです。

RDSへのアクセスは、Webアプリケーションサーバーが稼働するEC2インスタンスからのみに限定します。そこで、WebAP-Subnet（10.0.1.0/24）からのみMySQL（3306番ポート）への通信を許可するセキュリティグループ（RDS-Sec）を作成します。

以下では、この構成のネットワークを構築しながら、VPCの機能について説明します。

5.3.3　仮想ネットワーク（VPC）の作成

全体構成の検討がおわったら、ネットワーク構成図に基づいて仮想ネットワークを構築します。ここではVPCを使って、次の構成の仮想ネットワークを作成します。

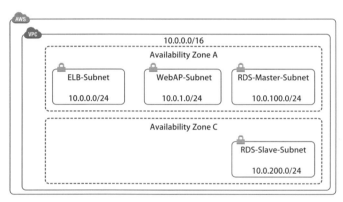

仮想ネットワークの構成

5.3 VPCによる仮想ネットワーク構築

1 VPCの新規作成

AWSマネージメントコンソールから［VPC］を起動します。

VPCのマネージメントコンソール

［Virtual Private Cloud］の［VPC］メニューをクリックすると、VPCの一覧が表示されます。

VPCの作成

ここでは新しいVPCを作成するため、［VPCの作成］ボタンをクリックします。あらかじめ既定のVPC（172.31.0.0/16）が作成されていますが、これは削除しないようにしてください。

次に、VPCの作成画面が表示されるので、①を表のように設定します。

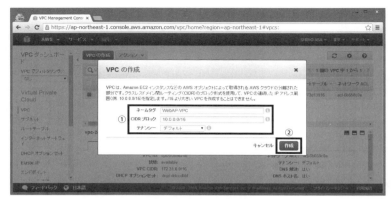

VPC作成の設定

VPCの設定値

項目	説明	設定値
ネームタグ	VPCの名前	WebAP-VPC
CIDR ブロック	作成するネットワークのアドレスをCIDR形式で指定。ネットワークアドレス部は16ビット〜28ビットの間	10.0.0.0/16
テナンシー	作成するネットワークでハードウェアを専有するかどうかを指定。専有したい場合は「ハードウェア専有」、他との共用で作成する場合は「デフォルト」	デフォルト

設定が完了したら、②［作成］ボタンをクリックします。

2 サブネットマスクの作成

次に、作成した10.0.0.0/16のネットワークに次の4つのサブネットを作成します。

- ELB-Subnet（10.0.0.0/24）
- WebAP-Subnet（10.0.1.0/24）
- RDS-Master-Subnet（10.0.100.0/24）
- RDS-Slave-Subnet（10.0.200.0/24）

まず、ELB-Subnetを作成します。

［Virtual Private Cloud］の［サブネット］メニューをクリックすると、サブネットの一覧が表示されます。あらかじめ既定のVPC（172.31.0.0/20および172.31.0.0/20）が作成されていますが、これは削除しないようにしてください。ここで新しいサブ

5.3 VPC による仮想ネットワーク構築

ネットを作成するため[サブネットの作成]ボタンをクリックします。

サブネットの作成

次に、VPCの作成画面が表示されるので、①を表のように設定します。

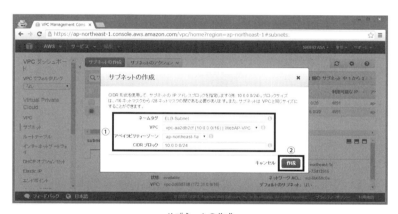

サブネットの作成

VPCの設定値

項目	説明	設定値
ネームタグ	サブネットマスクの名前	ELB-Subnet
VPC	サブネットが属するVPCを指定	WebAP-VPC（10.0.0.0/16）
アベイラビリティーゾーン	サブネットをどこのアベイラビリティーゾーンに設定するかを指定	ap-northeast-1a
CIDRブロック	作成するサブネットのネットワークのアドレスをCIDR形式で指定。ネットワークアドレス部が16ビット〜28ビットの間	10.0.0.0/24

第5章　ネットワークの構築

設定が完了したら、②[作成]ボタンをクリックします。

同様の手順で、残りの3つのサブネットマスクも作成します。ただし、RDSインスタンスを扱うRDS-Master-Subnet／RDS-Slave-Subnetサブネットは、異なるアベイラビリティーゾーンに構成しなければなりません。そのため、次のように、サブネットを作成してください。

RDS用のサブネット

サブネット名	アベイラビリティーゾーン
RDS-Master-Subnet	ap-northeast-1a
RDS-Slave-Subnet	ap-northeast-1c

以下は、サブネットの作成が完了した結果です。

サブネットの作成を完了

3 DBサブネットグループの作成

RDSインスタンスをVPC内に生成する時は、DBサブネットグループを作成します。AWSマネージメントコンソールから[RDS]を起動します。

RDSのAWSマネージメントコンソール

5.3 VPCによる仮想ネットワーク構築

①［サブネットグループ］を選択し、②［DBサブネットグループの作成］ボタンをクリックします。

DBサブネットグループ

サブネットグループの作成画面が表示されるので、次の項目を設定します。

DBサブネットグループの作成

DBサブネットの設定

項目	説明	設定値
名前	DBサブネットグループの任意の名前	RDS-Subnet
説明	DBサブネットグループの説明	RDS Subnet Group
VPC ID	DBサブネットグループが属するVPC	WebAP-VPC（10.0.0.0/16）

①DBサブネットグループでは、異なるアベイラビリティーゾーンに属するサブネットが2つ以上必要です。ここでは、手順 2 で作成した、②「ap-northeast-1a」にある「RDS-Master-Subnet（10.0.100.0/24）」と、「ap-northeast-1c」にある「RDS-Slave-Subnet（10.0.200.0/24）」を指定します。

設定が終わったら、③［作成］ボタンをクリックします。これで、仮想ネットワークの作成は完了しました。

5.3.4 仮想ルーター（インターネットゲートウェイ）の作成

作成した4つのサブネットのうち、インターネットと直接接続するのは、クライアントからのリクエストを受け付ける「ELB-Subnet」だけです。そこで、このELB-Subnetにインターネットへの接続のためのゲートウェイを作成します。

インターネットゲートウェイとは、VPCをインターネットに接続する仮想ルーターです。そして、VPCで作成したネットワークから外部ネットワークへの経路情報であるルートテーブルを設定します。

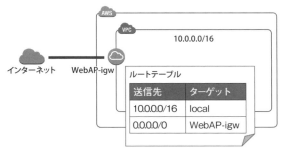

インターネットゲートウェイの概要

1 インターネットゲートウェイの作成

VPCメニューの①［インターネットゲートウェイ］メニューをクリックすると、インターネットゲートウェイの一覧が表示されます。今回は、ゲートウェイを新規作成するので、②［インターネットゲートウェイの作成］ボタンをクリックします。

あらかじめ既定のVPC（172.31.0.0/16）用のゲートウェイも用意されていますが、これは削除しないようにしてください。

5.3 VPCによる仮想ネットワーク構築

インターネットゲートウェイ

インターネットゲートウェイ作成のダイアログが表示されるので、①ネームタグに「WebAP-igw」を指定して、②[作成]ボタンをクリックします。

インターネットゲートウェイの作成

作成したインターネットゲートウェイは、VPCに関連付けることで使用できるようになります。ここでは、「WebAP-VPC（10.0.0.0/16）」に関連付けます。

第 5 章　ネットワークの構築

インターネットゲートウェイのアタッチ

①作成した「WebAP-igw」を選択し、②［VPCにアタッチ］ボタンをクリックします。関連付けるVPCを③「WebAP-VPC」にして、④［アタッチ］ボタンをクリックします。

2 ルートテーブルの作成

ルーターは経路情報に従ってパケットを中継します。VPCの場合、ルートテーブルを使って経路を制御します。VPCメニューの①［ルートテーブル］メニューをクリックすると、ルートテーブルの一覧が表示されます。

ここで新しいルートテーブルを作成するため、②［ルートテーブルの作成］ボタンをクリックします。③ネームタグに「WebAP-igw-rtb」を指定し、VPCに「WebAP-VPC（10.0.0.0/16）」を指定し、④［作成］ボタンをクリックします。

ルートテーブル

作成したルートテーブルに経路情報を追加します。①「WebAP-igw-rtb」を選択し、②[ルート]タブの③[編集]ボタンをクリックします。

ルートの編集

ここで、①[別ルートの追加]ボタンをクリックし、次の経路情報を新しく登録します。設定できたら②[保存]ボタンをクリックします。

ルートの追加

送信先	ターゲット
0.0.0.0/0	WebAP-igw

これで、VPCのローカルネットワーク（10.0.0.0/16）以外の宛先のパケットは、インターネットゲートウェイへ中継することができるようになりました。

ルートの追加

3 サブネットへのルーティングテーブル設定

手順 2 で作成した、インターネットへのアクセスが可能なルートテーブルを、ロードバランサーのある「ELB-Subnet」に割り当てます。

VPC メニューの①［サブネット］メニューをクリックすると、インターネットゲートウェイの一覧が表示されます。

ルートテーブルの変更

ここで②「ELB-Subnet」を選択し、③［ルートテーブル］タブを選択します。ここで、関連付けるルートテーブルを、手順 2 で作成した「WebAP-igw-rtb」に変更し、［保存］ボタンをクリックします。これで仮想ルーターの設定は完了です。

5.3.5 ファイアーウォール（セキュリティグループ）の作成

仮想ネットワークと仮想ルーターの設定が完了したら、次にパケットをフィルタリングするためのセキュリティグループを作成します。AWSマネージメントコンソールで［EC2］を起動します。

5.3 VPCによる仮想ネットワーク構築

EC2のマネージメントコンソール

［ネットワーク＆セキュリティ］の［セキュリティグループ］メニューをクリックすると、セキュリティグループの一覧が表示されます。ここで3つのセキュリティグループを次のように作成します。なお、いずれのセキュリティグループも、自分で作成したVPC（Web-VPC（10.0.0.0/16））に作成します。

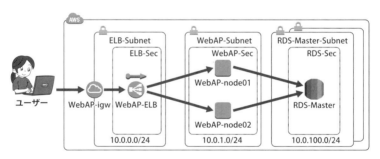

セキュリティグループの構成

■ ELB-Sec

ロードバランサーに適用するセキュリティグループです。［インバウンド］で任意の場所からの8080番ポートへの接続を許可するため、次のように設定します。

ELB-Secのインバウンドのルール

タイプ	プロトコル	ポート範囲	送信元
カスタムTCPルール	TCP	8080	任意の場所 (0.0.0.0/0)

■ WebAP-Sec

Webアプリケーションサーバーに適用するセキュリティグループです。

［インバウンド］でロードバランサーのあるサブネットである10.0.0.0/24からの8080番ポートへの接続を許可するため、次のように設定します。

WebAP-Secのインバウンドのルール

タイプ	プロトコル	ポート範囲	送信元
カスタムTCPルール	TCP	8080	カスタムIP（10.0.0.0/24）

■ RDS-Sec

RDSに適用するセキュリティグループです。

［インバウンド］でWebアプリケーションサーバーのあるサブネットである10.0.1.0/24からの3306番ポートへの接続を許可するため、次のように設定します。

RDS-Secのインバウンドのルール

タイプ	プロトコル	ポート範囲	送信元
カスタムTCPルール	TCP	3306	カスタムIP（10.0.1.0/24）

セキュリティグループの作成手順については、3.3.3項を参照してください。作成が完了すると、次のようになります。

セキュリティグループの作成

5.3.6 サーバー（インスタンス）の作成

これで、ネットワークの構築がひととおり完了しましたので、VPC内のサブネットにEC2インスタンスとRDSインスタンスを作成します。生成するEC2インスタンスとRDSインスタンスには、第4章で説明したサンプルWebアプリを配置します。

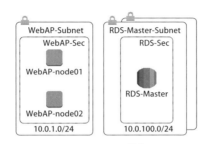

インスタンスの構成

1 RDSインスタンスの起動

まず、RDS-Subnet内に「RDS-Master」というタグの付いたRDSインスタンスを生成します。RDSインスタンスの生成手順の詳細については、4.3.4項を参照してください。

インスタンスを生成する時に、「ネットワーク＆セキュリティ」を、次の表のように設定します。

データベースのネットワーク／セキュリティ設定

項目	説明	今回の設定値
VPC	データベースをどのVPC内に作成するか	WebAP-VPC
サブネットグループ	VPC内のサブネットを選択	rds-subnet
パブリックアクセス可能	はい:VPC外部からの接続を許可する／いいえ:VPC外部からの接続を許可しない	いいえ
アベイラビリティーゾーン	どのアベイラビリティーゾーンに作成するか。指定しなかった場合、任意のアベイラビリティーゾーンに作成される	ap-northeast-1a
VPCセキュリティグループ	セキュリティグループの指定	RDS-Sec

第5章 ネットワークの構築

RDSのネットワーク&セキュリティの設定

2 EC2インスタンスの起動

次に、WebAP-Subnet内に、「WebAP-node01」と「WebAP-node02」というタグの付いた2つのEC2インスタンスを生成します。EC2インスタンスの起動には、4.4.9項で作成したカスタムAMIを使います。カスタムAMIからEC2インスタンスを起動する手順については、3.4.1項を参照してください。

ここで、インスタンスを生成する時に、「インスタンスの詳細」を次の表のように設定します。

インスタンスの詳細の設定(ネットワーク関連項目)

項目	説明
ネットワーク	WebAP-VPC (10.0.0.0/16)
サブネット	WebAP-Subnet (10.0.1.0/24)
自動割り当てパブリックIP	サブネット設定を使用

5.3 VPCによる仮想ネットワーク構築

EC2インスタンスの詳細設定

EC2インスタンスのセキュリティグループには、「WebAP-Sec」を割り当てます。数分すると、RDSインスタンスとEC2インスタンスが生成されます。

5.3.7 ロードバランサーの作成

EC2インスタンスが配置されている「WebAP-Subnet」は、インターネットから直接アクセスができません。そこで、インターネットから直接アクセスができる「ELB-Subnet」にELBでロードバランサーを配置します。そのうえで、ELBの管理対象にEC2インスタンスを配置することで、EC2インスタンス上のサンプルWebアプリにアクセスできるようにします。

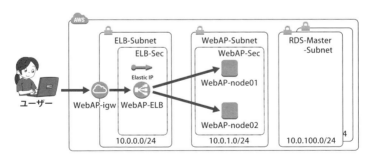

ロードバランサーからのアクセス構成

1 ロードバランサーの作成

まず、2つのEC2インスタンス「WebAP-node01」と「WebAP-node02」が両方とも起動していることを確認します。

ロードバランサーであるELBを設定するには、AWSマネージメントコンソールの[ロードバランサー]を選択し、[ロードバランサーの作成]ボタンをクリックします。

2 ロードバランサーの定義

①[ロードバランサー名]を「WebAP-ELB」とします。[ロードバランサーを作成する場所]が「WebAP-VPC（10.0.0.0/16）」になっていることを確認し、②[セキュリティグループの割り当て]ボタンをクリックします。

ロードバランサーの定義

3 リスナーの設定

ロードバランサーのリスナーを、次のように設定します。

リスナーの設定

ロードバランサーの プロトコル	ロードバランサーの ポート	インスタンスの プロトコル	インスタンスの ポート
TCP	8080	TCP	8080

リスナーの設定

4 サブネットの設定

次に、ロードバランサーを配置するサブネットを指定します。ここでは、①「ELB-Subnet」を選択し、②[セキュリティグループの割り当て]ボタンをクリックします。

サブネットの設定

5 セキュリティグループの設定

セキュリティグループを設定します。ここでは、①[既存のセキュリティグループを選択する]にチェックを入れ、②「ELB-Sec」を設定します。設定が完了したら、③[セキュリティ設定の構成]ボタンをクリックします。

セキュリティグループの割り当て

6 セキュリティ設定の構成

ELBでは、SSL証明書をインストールすることでHTTPS通信が有効になります。ここでは、HTTPのみの通信にしているため、そのまま［ヘルスチェックの設定］ボタンをクリックします。

セキュリティ設定の構成

7 ヘルスチェックの設定

次に、ロードバランサーで実施するヘルスチェックの設定をします。8080番ポートに対してヘルスチェックを行います。既定のままで、［EC2インスタンスの追加］ボタンをクリックします。

ヘルスチェックの設定

8 EC2インスタンスの追加

次に、負荷分散する対象のEC2インスタンスを選択します。

5.3 VPCによる仮想ネットワーク構築

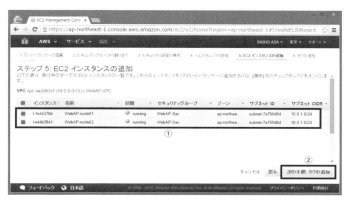

EC2インスタンスの追加

①「WebAP-node01」と「WebAP-node02」の2台で負荷分散させたいので、この2台を選択します。確認画面が表示されるので、WebAP-node01とWebAP-node02が含まれていることを確認して、②[タグの追加]ボタンをクリックします。

9 タグの追加

作成するELBに、分かりやすい任意の名前を付けておきます。ここでは、①「Name」という名前のタグに「WebAP-ELB」と設定します。入力できたら、②[確認と作成]ボタンをクリックします。

タグの追加

10 ロードバランサーの作成

設定内容に間違いがないか、再度確認します。問題がないようであれば[作成]ボタンをクリックします。

これで、ロードバランサーの作成ができました。ロードバランサーが有効になるまでに数分かかります。管理対象のEC2インスタンスの[ステータス]が「InService」になっていることを確認します。

ロードバランサーの作成を完了

ロードバランサーに割り当てられた[DNS名]を確認します。

ロードバランサーのDNS名を確認

次のURLにアクセスすると、EC2インスタンス上で動作するサンプルアプリに、ELB経由でアクセスできます。

URL サンプルアプリへのアクセス
http:// (ロードバランサーのDNS名):8080/WebAPSample/top.jsp

ELBの動作確認

ただし、現時点では、RDS上のデータベースにデータが登録されていないため、[DBの値取得] ボタンをクリックしてもデータを取得できません。

5.3.8　メンテナンスのためのネットワーク構成

開発者や運用者がデータベースやWebアプリケーションサーバーをメンテナンスする時は、EC2インスタンスやRDSインスタンスへの通信が一時的に必要になります。そのため、一般ユーザーからのリクエストには不要なSSH (22番ポート) などの通信の許可や、インターネットからのアクセスを許可する必要もあります。

ただし、これらの不要な通信を常時許可しておくと、不正アクセスに利用される恐れがあります。

そこで、メンテナンスを行う時にだけ、ELBが配置されているサブネット内に踏み台用のEC2インスタンスを一時的に作成し、作成したEC2インスタンス (Maintenance) を経由してメンテナンスします。作業が終わったら、速やかにインスタンスを停止することで、より安全に運用ができます。

第5章　ネットワークの構築

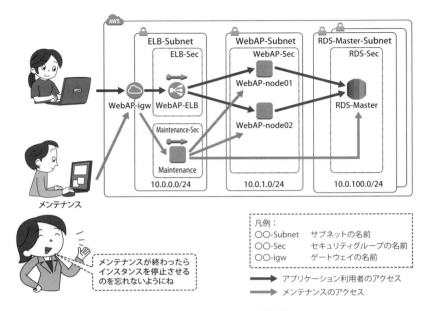

メンテナンス用のネットワーク構成

1 セキュリティグループの作成

　メンテナンス作業の種類によって必要なポート番号が異なるので、専用のセキュリティグループ（Maintenance-Sec）を作成します。AWSマネージメントコンソールから［EC2］を起動します。

EC2のマネージメントコンソール

242

5.3 VPC による仮想ネットワーク構築

EC2 メニューの① [セキュリティグループ] を選択し、② [セキュリティグループの作成] ボタンをクリックします。

セキュリティグループの作成

メンテナンスで使うためのセキュリティグループを作成します。

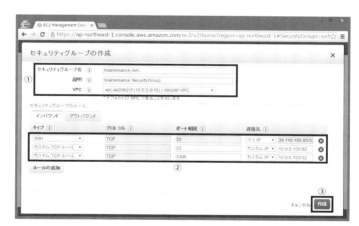

セキュリティグループの詳細

ここでは、以下のように設定します (①)。

セキュリティグループの設定

項目	設定値
セキュリティグループ名	Maintenance-Sec
説明	Maintenance Security Group
VPC	WebAP-VPC (10.0.0.0/16)

新しいルールを追加するために、[ルールの追加] ボタンをクリックします。ここではWebアプリケーションサーバーを動かすEC2インスタンスへのSSH通信（22番ポート）とRDSインスタンスへのMySQLの通信（3306番ポート）を許可します。

まず、SSHについては、送信元を「マイIP」とします。「マイIP」に設定すると、現在、AWSマネージメントコンソールにアクセスしているアドレスが自動的に割り当てられます。これにより、メンテナンス用EC2インスタンスへの接続が限定されます。

同じように、メンテナンス用EC2インスタンス（10.0.0.100）から、WebアプリケーションサーバーのEC2インスタンスとRDSインスタンスにアクセスするため、②に次のエントリを追加します。

ポートの許可

タイプ	プロトコル	ポート範囲	送信元
SSH	TCP	22	マイIP
SSH	TCP	22	カスタムIP（10.0.0.100/32）
MYSQL/Aurora	TCP	3306	カスタムIP（10.0.0.100/32）

設定できたら、③[作成] ボタンをクリックします。

2 メンテナンス用EC2インスタンスの作成

セキュリティグループの作成が終わったら、メンテナンス用EC2インスタンスを作成します。

AWSマネージメントコンソールを起動し、マネージメントコンソールからEC2を選択します。EC2メニューの①[インスタンス]から、②[インスタンスの作成] ボタンをクリックします。

5.3 VPCによる仮想ネットワーク構築

インスタンスの生成

EC2インスタンスのAMIイメージを選択します。ここでは「Amazon Linux AMI 2016.03.0 (HVM), SSD Volume Type」を選択します。

AMIの選択

メンテナンス用EC2インスタンスのインスタンスタイプを選択します。①ここでは、「t2.micro」を選択して、②［インスタンスの詳細の設定］ボタンをクリックします。

インスタンスタイプの選択

次に、メンテナンス用EC2インスタンスのネットワークを設定します。ここを間違えると、正しく接続できないので注意してください。

インスタンスの詳細の設定

まず、ネットワークやサブネットを指定します。メンテナンス用EC2インスタンスには、インターネット経由で外部から接続するので、ロードバランサーを配置している [ELB-Subnet] に配置します。また、インスタンスにグローバルIPアドレスを割り当てるため、[自動割り当てパブリックIP] を「有効化」に設定します。

5.3 VPCによる仮想ネットワーク構築

ネットワークの設定

項目	値
ネットワーク	WebAP-VPC（10.0.0.0/16）
サブネット	ELB-Subnet（10.0.0.0/24）
自動割り当てパブリックIP	有効化

次に、ネットワークインターフェイスの設定です。メンテナンス用EC2インスタンスのIPアドレスを指定します。ここでは、①プライマリIPに「10.0.0.100」を指定し、②［ストレージの追加］ボタンをクリックします。

ネットワークインターフェイスの設定

［ストレージの追加］画面では、既定のままで［インスタンスのタグ付け］ボタンをクリックします。

ストレージの追加

インスタンスにタグを付けます。今回は、①「Name」タグに「Maintenance」という名前を設定して、②［セキュリティグループの設定］ボタンをクリックします。

インスタンスのタグ付け

①セキュリティグループの指定では、「Maintenance-Sec」を選択します。これで、メンテナンスに必要な通信が許可されたセキュリティグループになります。設定したら、②［確認と作成］ボタンをクリックします。

セキュリティグループの設定

設定の内容を確認し、［作成］ボタンをクリックすると、インスタンスを生成します。

5.3 VPCによる仮想ネットワーク構築

メンテナンス用EC2インスタンスの作成

3 メンテナンス用のセキュリティグループ割り当て（Webアプリケーションサーバー）

メンテナンス用EC2インスタンスの生成ができたら、次はメンテナンスを行いたい、Webアプリケーションサーバー（EC2インスタンス）とRDSインスタンスに対して、セキュリティグループを割り当てます。AWSでは、インスタンスに複数のセキュリティグループを割り当てることができます。

まず、AWSマネージメントコンソールから［EC2］を起動します。

EC2のAWSマネージメントコンソール

①［インスタンス］メニューを開き、②起動している「WebAP-node01」を選択したうえで、③［アクション］-④［ネットワーキング］-［セキュリティグループの変更］を選択します。

第 5 章　ネットワークの構築

セキュリティグループの変更

　ここで、すでに選択されている①「WebAP-Sec」に加えて、新しく②「Maintenance-Sec」を選択します。これで、2つのセキュリティグループが適用されます。2つのチェックボックスにチェックが入っていることを確認し、③［セキュリティグループの割り当て］ボタンをクリックします。

セキュリティグループの変更

　同様の手順で、「WebAP-node02」にもセキュリティグループ「Maintenance-Sec」を割り当てます。

4 メンテナンス用のセキュリティグループ割り当て（データベースサーバー）

データベースサーバーとなるRDSインスタンスに、セキュリティグループを割り当てます。

まず、AWSマネージメントコンソールを起動から［RDS］を起動します。

RDSのWebマネージメントコンソール

RDSメニューの①［インスタンス］をクリックし、「sampledb」を選択します。そこで、②［インスタンスの操作］－［変更］ボタンをクリックします。

セキュリティグループの変更

▼

セキュリティグループの割り当て

［ネットワーク＆セキュリティ］で、すでに選択されている「RDS-Sec」に加えて、「Maintenance-Sec」を選択します。複数の項目を選択する時は、キーボードの Ctrl キーをクリックした状態で必要なセキュリティグループを選びます。

これでメンテナンスのためのネットワーク構築は完了です。

5.3.9 メンテナンス環境の動作確認

メンテナンス用ネットワークを構築し、メンテナンス用EC2インスタンスを起動できたので、このインスタンスにリモートログインして、Webアプリケーションサーバーとデータベースサーバーを設定します。

1 メンテナンス用EC2インスタンスへのログイン

メンテナンス用EC2インスタンスにログインします。EC2メニューの①［インスタンス］を選択し、②稼働中の「Maintenance」インスタンスを選択します。③リモートログインのため［パブリックIP］を確認します。

パブリックIPの確認

TeraTermを起動します。①［ホスト］にメンテナンス用EC2インスタンスのパブリックIPを入力し、②［OK］ボタンをクリックします。

ログイン

ログインが完了すると、次の画面が表示されます。

ログイン完了

2 RDSインスタンスへのアクセス

メンテナンス用EC2インスタンスから、RDSインスタンスにアクセスします。まず、メンテナンス用EC2インスタンスにMySQLを次のコマンドでインストールします。

```
[ec2-user@ip-10-0-0-100 ~]$ sudo yum install -y mysql
Loaded plugins: priorities, update-motd, upgrade-helper
amzn-main/latest                                      | `
~中略~
Installed:
  mysql.noarch 0:5.5-1.6.amzn1

Dependency Installed:
  mysql-config.x86_64 0:5.5.46-1.10.amzn1   mysql55.x86_64 0:5.5.46-1.10.amzn1
  mysql55-libs.x86_64 0:5.5.46-1.10.amzn1

Complete!
```

次に、AWSマネージメントコンソールから［RDS］を起動し、RDSメニューの
①［インスタンス］メニューを選択し、②［sampledb］のエンドポイントを確認し
ます。

RDSのエンドポイント確認

TeraTermで接続したメンテナンス用EC2インスタンスから、次のコマンドで
RDSのエンドポイントにアクセスします。パスワードを聞かれるので、RDSイ
ンスタンスを作成した時に設定したパスワード（本書ではpassword）を入力し
ます。

```
[ec2-user@ip-10-0-0-100 ~]$ mysql -h sampledb.xxxxx.ap-northeast-1.rds.amazonaws.
com -P 3306 -u dbuser -p
Enter password:
Welcome to the MySQL monitor.  Commands end with ; or \g.
Your MySQL connection id is 48
Server version: 5.6.23 MySQL Community Server (GPL)

Copyright (c) 2000, 2015, Oracle and/or its affiliates. All rights reserved.

Oracle is a registered trademark of Oracle Corporation and/or its
affiliates. Other names may be trademarks of their respective
owners.

Type 'help;' or '\h' for help. Type '\c' to clear the current input statement.

mysql>
```

ここで、RDSインスタンスに作成したデータベース「sampledb」にデータを登

録します。

```
mysql> use sampledb
Reading table information for completion of table and column names
You can turn off this feature to get a quicker startup with -A

Database changed
```

データの登録はダウンロードサンプルにSQL（sampledb.sql）があるので、そちらを参照してください。サンプルは、ダウンロードサンプルから/aws-rds-sampleフォルダー配下のものを利用してください。

```
aws-rds-sample
  ├─WebAPSample.war
  └─sampledb.sql
```

サンプルのフォルダー構成

データの登録手順については、4.3.6項を参照してください。

これで、メンテナンス用EC2インスタンスからRDSの操作ができました。

3 秘密鍵のアップロード

メンテナンス用EC2インスタンスから、他のEC2インスタンスにSSH接続するには、EC2インスタンスを生成した時に指定した秘密鍵が必要です。そこで、まず秘密鍵ファイル（AWSKeypair.pem）を、アップロードします。

TeraTermの［ファイル］-［SSH SCP］を選択します。①ダイアログの［From］に秘密鍵ファイルを指定して、②［Send］ボタンをクリックします。

秘密鍵のアップロード

アップロードが完了すると、/home/ec2-user/フォルダー配下に、秘密鍵ファイルであるAWSKeypair.pemが格納されます。

```
[ec2-user@ip-10-0-0-100 ~]$ ls -la
total 28
drwx------ 3 ec2-user ec2-user 4096 Dec 21 00:52 .
drwxr-xr-x 3 root     root     4096 Dec 21 00:45 ..
-rw-r--r-- 1 ec2-user ec2-user 1670 Oct 26 03:52 AWSKeypair.pem
```

次のコマンドを実行し、アップロードされたAWSKeypair.pemに適切なアクセス権を設定します。

```
[ec2-user@ip-10-0-0-100 ~]$ chmod 400 AWSKeypair.pem
[ec2-user@ip-10-0-0-100 ~]$ ls -la
total 28
drwx------ 3 ec2-user ec2-user 4096 Dec 21 00:52 .
drwxr-xr-x 3 root     root     4096 Dec 21 00:45 ..
-r-------- 1 ec2-user ec2-user 1670 Oct 26 03:52 AWSKeypair.pem
```

これで、作成者以外は読むことができない秘密鍵を作成できました。

4 他のEC2インスタンスへのアクセス

秘密鍵が用意できたので、メンテナンス用EC2インスタンスから他のEC2インスタンスにSSH接続します。ここでは、Webアプリケーションサーバーが動作しているEC2インスタンスへアクセスします。

EC2インスタンスは外部ネットワークから直接アクセスできないので、グローバルIPアドレスを持ちません。そこで、プライベートIPアドレスを使ってSSH接続します。

まず、AWSマネージメントコンソールからEC2を起動します。プライベートIPアドレスの確認には、EC2メニューの①［インスタンス］で②対象の「WebAP-node01」インスタンスを選択すると、③［プライベートIP］に表示されます。

EC2インスタンスのプライベートIP確認

　この例では、「WebAP-node01」という名前のEC2インスタンスのプライベートIPは、「10.0.0.16」であることが分かります。

　このEC2インスタンスに接続するため、TeraTermで接続したメンテナンス用EC2インスタンスから、次のコマンドを実行します。

```
[ec2-user@ip-10-0-0-100 ~]$ ssh -i AWSKeypair.pem 10.0.1.16
The authenticity of host '10.0.1.16 (10.0.1.16)' can't be established.
ECDSA key fingerprint is a6:e2:60:55:ff:6c:61:bf:7c:6e:fe:b6:4c:4e:11:a0.
Are you sure you want to continue connecting (yes/no)? yes
Warning: Permanently added '10.0.1.16' (ECDSA) to the list of known hosts.
Last login: Mon Dec 21 00:23:42 2015 from 10.0.0.151

       __|  __|_  )
       _|  (     /   Amazon Linux AMI
      ___|\___|___|

https://aws.amazon.com/amazon-linux-ami/2015.09-release-notes/
3 package(s) needed for security, out of 8 available
Run "sudo yum update" to apply all updates.
[ec2-user@ip-10-0-1-16 ~]$
```

　Webアプリ（warファイル）の中で定義されているデータベースへの接続情報などを修正します（4.4.6項）。

　これで、Webアプリケーションサーバーとデータベースサーバーとが設定できました。今回の構成では、ロードバランサー配下に2つのWebアプリケーションサーバー用インスタンス（WebAP-node01 ／ WebAP-node02）があるので、どち

らも同様に修正します。

なお、接続を終了したい時は、コンソールでexitコマンドを実行します。

```
[ec2-user@ip-10-0-1-16 ~]$ exit
logout
Connection to 10.0.1.16 closed.
[ec2-user@ip-10-0-0-100 ~]$
```

プロンプトが上のように変化するので、コマンド操作を間違わないようにしましょう。

「ip-10-0-1-16」はWebアプリケーションサーバー用インスタンス、「ip-10-0-0-100」はメンテナンス用EC2インスタンスです。

5 動作確認

メンテナンス用EC2インスタンスからWebアプリケーションサーバー用EC2インスタンスとRDSインスタンスを修正できたので、動作確認をします。

AWSマネージメントコンソールから［EC2］を起動します。

EC2のAWSマネージメントコンソール

EC2メニューの①［ロードバランサー］から、②「WebAP-ELB」を選択し、③［DNS名］を確認します。

5.3 VPCによる仮想ネットワーク構築

ロードバランサーのDNS名確認

ブラウザーから次のURLにアクセスします。

http://(ロードバランサーの DNS 名) : 8080/WebAPSample/top.jsp
プロトコル　　　　　DNS 名　　　　　ポート番号　war 名　ファイル名

動作確認のアクセス先

▼

Webアプリの動作確認

次に、[DBの値取得] ボタンをクリックし、RDSインスタンスに接続できるかを確認します。

第5章 ネットワークの構築

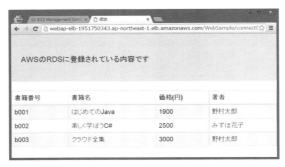

データベースの接続確認

　これで、Webアプリケーションサーバーとデータベースサーバーに対して、インターネットなどから直接アクセスができないローカルネットワークを構築して、システムを稼働できました。

6 メンテナンス用EC2インスタンスの停止

　メンテナンス用EC2インスタンスは、メンテナンス時以外は停止しておきます。AWSマネージメントコンソールからEC2を起動し、EC2メニューの①［インスタンス］をクリックします。メンテナンス用EC2インスタンスを選択して、②［アクション］-［インスタンスの状態］-③［停止］をクリックします。

インスタンスの停止

　このように、メンテナンス用EC2インスタンスは、必要な時のみ起動する運用にするのがよいでしょう。EC2インスタンスとRDSインスタンスに割り当てたメンテナンス用のセキュリティグループも解除しておくとより安全です。

6章

AWSのセキュリティ

　クラウドを利用するうえで、懸念事項にあがるのがセキュリティの問題です。
　オンプレミス環境では、業務システムで取り扱う重要な情報を自社内で管理していましたが、クラウドの場合は、これらの情報をクラウド事業者に預けることになります。業務システムの情報セキュリティ対策は、ここまでやっておけばよいといった類のものではなく、またシステムの脆弱性や脅威も刻々と変化するので、多種多様な対策を講じる必要があります。
　本章では、AWSを利用するうえで最低限知っておきたいセキュリティの基礎知識と、AWSでのユーザーアカウント管理やデータ暗号化の方法などを説明します。

6.1 セキュリティの基礎

ここでは、AWSで業務システムを開発／運用するにあたり、知っておきたい情報セキュリティの概要を説明します。

6.1.1 セキュリティとは

業務システムでは、顧客情報や経営情報など、きわめて重要な情報を取り扱う場合もあります。そのため、システムを開発／運用する時は、これらの情報をいかに安全に扱うかを熟考しなければなりません。

情報セキュリティとは、情報の機密性／完全性／可用性を維持することです。この機密性／完全性／可用性を**情報セキュリティの3大要素**といいます。

- 機密性（Confidentiality）

    機密性の維持とは、情報へのアクセス権限を許可された人だけが、その情報にアクセスでき、権限を持たない人からのアクセスを一切禁止することです。機密性が維持できない状態では、**情報漏えい**が発生する恐れがあります。

- 完全性（Integrity）

    完全性の維持とは、権限を持たない人に情報が、破壊／改ざん／消去されないようにすることです。たとえば、預金口座の金額や健康診断の結果、企業の売上情報などが勝手に操作されてしまうと、大きな混乱と損失が生じてしまいます。

- 可用性（Availability）

    可用性の維持とは、情報へのアクセスを許可された人が、利用したい時にアクセスできることです。可用性が維持できない状態では、サービスや業務の停止が発生する恐れがあります。

情報セキュリティが維持できなくなり、なんらかの損害や影響を発生させる可能性のことを**リスク**、リスクを引き起こす要因を**脅威**と呼びます。情報セキュリティの脅威は次の2つに分けられます。

- 人的脅威

    人的脅威は、人間によって引き起こされる脅威です。
    そのうち、悪意を持った人間によって、侵入／ウイルス混入／改ざん／盗聴／

なりすまし／破壊などの行為がなされることを、**意図的脅威**といいます。

　しかし、人的脅威はそれだけではありません。人間のミスによっておこる、データ紛失／操作ミス／情報漏えいやシステムの不備による障害なども情報セキュリティにとっては大きな脅威になります。これら悪意のない脅威を**偶発的脅威**と呼びます。

- **環境的脅威**

　環境的脅威は、災害で引き起こされる脅威です。震災／落雷／火災、台風／津波による水害などです。

　これらの脅威によって、情報セキュリティ事故に利用される恐れのあるシステムの弱点のことを**脆弱性**と呼びます。

　オンプレミス環境、クラウド環境にかかわらず、システムを開発／運用する時は、情報セキュリティのリスクを明確にし、技術的な側面からだけでなく、利用者も含めたシステム全体で対策を講じることが重要です。

　また、システムがさらされている脅威は多岐に亘ります。特定のセキュリティ対策のみ施していれば安全である、といいきれる類のものではないため、リスクの大きさに応じて複数の対策を組み合わせるのが定石です。

　情報セキュリティに関して知っておくべき知識は非常に幅広いため、本書だけで体系立ててすべてを説明することは困難です。そこで、AWSを利用するうえで最低限知っておきたいセキュリティの基礎知識について、以降で説明します。

> **NOTE　Webアプリに対する代表的な攻撃**
>
> AWSはパブリッククラウドサービスであるため、AWSを使ってWebシステムを開発／運用する時は、常にインターネットなどの外部ネットワークから、以下のような攻撃を受ける可能性があります。
>
> 代表的な攻撃
>
> | 攻撃 | 説明 |
> | --- | --- |
> | ポートスキャン | 外部からアクセスできるポートを調べ、不正アクセスできる脆弱性のあるサービスを割り出す |
> | DOS攻撃 | サーバーに大量のリクエストを送信し、サーバーを故意に停止させる |
> | OSコマンドインジェクション | アプリの脆弱性を利用してOSのコマンドを不正に実行する |
> | クロスサイトスクリプティング | Webブラウザーから入力した不正プログラムによりJavaScriptやHTMLなどを実行する |

攻撃	説明
SQLインジェクション	アプリの脆弱性を利用し、SQLコマンドを実行し、データへの不正アクセスを行う
セッションハイジャック	他人のセッションを盗み取る

6.1.2　物理的なセキュリティ対策

　情報をさまざまな脅威から守る最も初歩的な手段の一つに、情報に対する物理的なアクセスを禁止する、ということがあげられます。たとえば、

- アクセスを禁止するために、データを保管している場所を施錠する
- データをネットワークで共有しない

などが有効です。しかしながら、それでは、必要なデータを利用できないため、あらかじめ許可された人や通信以外の不正なアクセスを遮断しなければなりません。

　データセンターに対して、鍵で施錠するだけではなく、暗証番号や生体認証などを組み合わせて入退室を厳重に管理することで、許可されていない人の出入りを禁止し、情報漏えい事故を防ぐことが可能です。

　データを保持するデータベースサーバーにアクセスする時は、ファイアーウォールなどでアクセス制限するなどの対策も有効です。サーバーに対して、あらかじめ許可された通信だけを開放し、それ以外の通信をすべて遮断することで、脆弱性を減らすことになります。

　たとえば、Webアプリケーションサーバーであれば、ユーザーが利用するHTTP通信をのみ許可することで、万が一、他のサービスに重大な脆弱性が見つかっても、情報漏えいリスクを減らせます。情報セキュリティ対策において、ネットワークの構築／運用は大きな意味を持ちます。

　データの破壊に備える対策も必要です。

　たとえば、多くのシステムでは、事故でデータが消失した時に備えて、定期的にバックアップを取得しています。さらに、水害や火災などでバックアップ媒体ごと消失する場合などに備えて、遠隔地に保管することもあります。また、データを管理しているデータセンターごと機能しなくなった時のことを考えて、バックアップサイトなどを、あらかじめ用意しておくことも重要です。

6.1.3　アカウント管理

　機密情報にアクセスできるユーザーを限定すれば、情報セキュリティを維持しやすくなります。システムでユーザーごとに適切な権限を設定し管理することを、**アカウント管理**と呼びます。

　一般的なアカウント管理では、利用者ごとにユーザーアカウントを作成します。そして、ユーザーアカウントと、パスワードなどの利用者本人のみが知っている情報を使って、ユーザーアカウントの正当性を確認します。こうした正当性の確認を**認証**といいます。

　パスワードが他者にかんたんに類推されるような弱いものである場合、**なりすまし**が行われる恐れがあります。アカウント管理では、認証に使われるパスワードの安全性（強度）を管理することが重要です。

　また、外部からの大量の不正アクセスで、パスワードを見破られる恐れもあります。そのため、規定回数を超える認証エラーが発生した時は、安全のためユーザーアカウントをロックするしくみも必要です。

　また、認証にパスワードだけでなく、ICカードやスマートフォン／専用デバイスを組み合わせた認証や、指紋や静脈など、**バイオメトリックス認証**（**生体認証**）を使うこともあります。このように、複数の要素を使った認証方式のことを**多要素認証**と呼びます。

　アカウント管理では、利用者の認証だけでなく、利用者のアクセス権限も管理します。たとえば、管理者ユーザーには強い権限を与え、一般のユーザーにはサービスを利用するのに必要最低限のアクセス権限を許可する、などです。これによって、システムの不正利用や情報漏えいを防ぎます。これを、**アクセスコントロール**と呼びます。

　アクセスコントロールでは、だれにどういった権限（参照／登録／更新／削除）を与えるか、をあらかじめ決めておく必要があります。このルールを**セキュリティポリシー**と呼びます。

　アカウント管理では、各ユーザーに対して、どのセキュリティポリシーを割り当てるかを管理します。ただし、ユーザーごとに権限を割り当てていると、運用が煩雑になり、設定ミスが起こりやすくなります。そのため、同じ権限を持つ複数のユーザーをグループとしてまとめて管理するのが一般的です。

6.1.4 データの暗号化

セキュリティ対策に完全はありませんが、データを暗号化すれば、万が一、データに不正アクセスされた時も、情報が漏えいするリスクを減らせます。暗号化とは、もとのデータ（**平文**）を一定の決まりに基づいて変換して、内容を第三者に分からない状態にすることです。

たとえば、ネットワーク上を流れるデータが、暗号化されていない平文のままだと、悪意ある第三者に盗聴された時に、情報が筒抜けになります。場合によっては、改ざんされる恐れもあります。しかしながら、暗号化したデータを伝送すれば、万が一盗聴されても内容がすぐには漏えいしません。また、データベースやファイルなどに格納されている重要なデータを、USBメモリなどで持ち出すこともあるでしょう。その際、USBメモリを、うっかり紛失してしまった時に、データを暗号化しておけば、情報漏えいのリスクを減らせます。

ここで、暗号化のしくみをかんたんに説明します。まず、元のデータを**暗号鍵**を使ってあらかじめ決められたきまり（**暗号化アルゴリズム**）に従って変換します。これを**暗号化**と呼びます。暗号化すると、元データとは全く異なる、暗号データができ上がります。暗号データをもとのデータにもどすことを**復号**と呼びます。復号に使う鍵を**復号鍵**といいます。

暗号化では、鍵が非常に重要な役割を果たします。鍵が、万が一、他人に渡ってしまうと、暗号データが解読されます。そのため、鍵は厳重に管理しなければなりません。

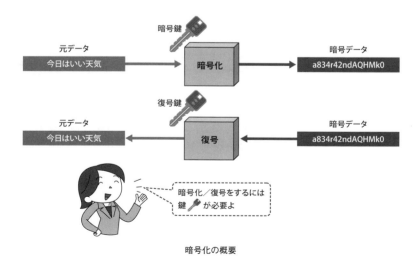

暗号化の概要

暗号化の処理方式はいくつもありますが、知っておきたい代表的な暗号方式は次の2つです。

■ 共通鍵暗号方式

共通鍵暗号方式とは、暗号化と復号で同じ鍵を使う方式です。通信したい相手と共通鍵をあらかじめ安全な方法でやりとりする必要があります。通信相手が複数の場合、通信相手ごとに異なる鍵を管理しなければならないため、鍵の管理に負担がかかります。

代表的な共通鍵暗号アルゴリズムには、DES／AES／3DESなどがあります。共通鍵暗号方式は、対向するルーター間の通信など、あらかじめ限定された相手とのやりとりに向いています。

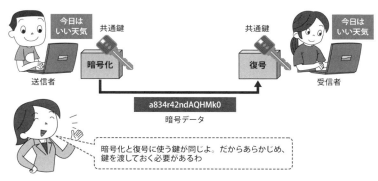

共通鍵暗号方式の概要

■ 公開鍵暗号方式

公開鍵暗号方式とは、公開鍵と秘密鍵の対になる2つの鍵を使ってデータを暗号化／復号する方式です。

公開鍵暗号方式は、暗号化する鍵と復号する鍵が異なります。公開鍵暗号方式は、まず鍵のペア（**キーペア**）を作成します。そして片方の鍵を、暗号化に使う鍵としてインターネット上に公開します。この鍵を**公開鍵**とよび、だれでもこの公開鍵を使ってデータを暗号化できます。

送信者は、受信者の公開鍵を使ってデータを暗号化し、受信者に送信します。暗号化されたデータを受け取った受信者は、公開鍵のペアになっている**秘密鍵**で復号します。暗号化されたデータは、受信者の持つ秘密鍵でのみ復号できます。公開鍵暗号化方式では、秘密鍵を厳重に管理する必要があります。

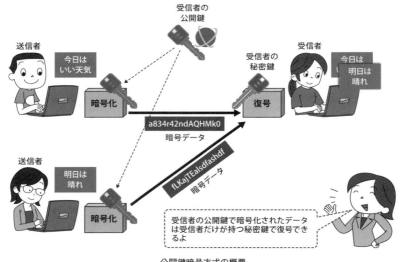

公開鍵暗号方式の概要

　暗号化と復号を同じ鍵で行う共通鍵暗号方式に比べて、鍵のやりとりが容易なことや、相手の数に関係なく公開鍵は1つでよいため、不特定多数の相手と安全に通信したい時に利用されます。代表的な公開鍵暗号アルゴリズムはRSAです。
　公開鍵暗号方式では、安全性を高められるよう、鍵のビット長を長くする必要があるため、暗号化／復号の処理に時間がかかります。

6.1.5　ユーザー教育

　業務システムで取り扱う機密情報を守るためには、悪意あるユーザーからの攻撃に対する防御、ユーザー認証やデータの暗号化など、技術的な対策だけでは不完全です。
　実際、システムでのセキュリティ事故の多くは、利用者の不注意やシステム管理者の操作ミスなどが原因で、大量の個人情報が流出したり、企業の機密情報が操作されたりしています。そこで、システムを利用する人や運用する人に対して、定期的にセキュリティ教育を施すことが必要です。

■ システム利用者の教育

　システム利用者に対しては、ユーザーアカウントとパスワードの管理のしかたや、情報を外部に持ち出す時のルール、インターネットなどの社外ネットワーク

から社内システムに接続する時の手順などを、集合研修やEラーニングで教育する必要があります。

システム利用者の多くは、情報技術の専門家ではありません。そのため、なぜセキュリティ対策が重要か、セキュリティが侵害されるとどのような被害にあうか、などを分かりやすく説明することが重要です。

セキュリティを侵害する脅威は、日々変化しています。また、役職によって取り扱う情報の重要度も異なるので、セキュリティ教育は新人研修で1度行ったら終わりではなく、すべてのシステム利用者に対して定期的に繰り返すのがよいでしょう。

■ システム管理者の教育

システム管理者に対するセキュリティ教育も重要です。システム管理者は、職務上、システムに対して非常に強い権限(ルート権限)を持つ場合があります。悪意のあるなしにかかわらず、重要なデータを破壊／漏えいさせてしまうことも容易にできます。

管理者に対して操作ミスがないように教育したり、チェックリストを導入したりすることも、もちろん重要ですが、間違いを犯さない人間はいません。そこで、定型化された業務や複雑なオペレーションが必要な業務は、可能な限り、作業を自動化するのがよいでしょう。また、職務遂行にあたり、セキュリティに関する条項をもり込んだ労働契約を締結することも必要です。

システム障害で、業務で必要なデータにアクセスできなくなると、情報セキュリティの可用性が下がります。そのため、障害発生時に速やかに復旧するよう努めることはもちろんですが、障害が発生する前に対処できるよう、日頃からシステムリソースや各種ログを監視し、障害発生の予兆を知ることが重要です。

6.1.6 セキュリティ監査

セキュリティ対策は、自社内の独自ルールに基づいて対応するだけでなく、第三者による監査を受け、認証を取得することも重要です。セキュリティに関する第三者認証を取得することで、情報セキュリティの取り扱いに関する安全性を、社内外に証明できます。代表的な第三者認証は次の2つです。

■ ISMS（ISO27001）

ISMS（**Information Security Management System**）適合性評価制度とは、情報資産をさまざまな脅威から守り、リスクを軽減させるための総合的な情報セキュリティマネージメントシステムに対する第三者適合性評価制度です。

ISMSを取得するための要求事項は、国際規格である**ISO270001**に規定されています。この評価制度を取得することで、その企業が「適切な情報セキュリティ対策を行っている」と証明できます。現在、情報を取り扱う多くの企業が取得しています。

ISMS認証は、1度取得したらそれで終わり、という類の制度ではなく、ISMSに照らしたセキュリティ対策について、継続的にPDCAサイクルを回す必要があるのが特徴です。

■ プライバシーマーク

プライバシーマークとは、個人情報の保護を適切に行っていることを認める認証制度です。プライバシーマークの認定を受けるには、以下の点が必要です。

- JIS Q 15001:2006に準拠した個人情報保護のマネージメントシステムが構築されていること
- システムについて、社員教育などによる周知徹底がなされていること
- 実際に運用し、その状況を監査して必要な見直しがされていること

> **NOTE　第三者認証について**
>
> セキュリティに関する第三者認証は、関連法規や取得プロセスなどの知識が必要になるため、往々にして、理解しにくいものです。
>
> しかし、いずれの認証も「レベルに応じたセキュリティが守られている」というのを、内外に証明するものです。これは、技術に関する資格試験を取得するのに似ています。
>
> たとえば、プログラマとしての基礎知識があります、ということを他人に証明する時に、いくら「○○が分かります、▲▲ができます」といっても定量的ではありません。そこで、情報処理推進機構の資格試験である、基本情報技術者試験を取得すれば、「基本情報技術者試験で出題されるレベルのアルゴリズムやプログラミングの知識があるのだな」と相手に定量的に証明できます。
>
> ISMSなどのセキュリティ認証は、特定の個人ではなく、企業などの組織全体で取得するので、社会的な信頼性も高く、情報を取り扱う企業の多くが取得しています。

6.1.7　AWSの共有責任モデル

　クラウドサービスを利用する時と、自社のオンプレミス環境を使ってシステムを構築する時とで、最も大きく異なるところは「データを外部に預けるかどうか」という点です。そのため、クラウドはなんとなくセキュリティが不安、という漠然とした懸念を持ってしまいがちです。

　ここで、現金を管理する場合を考えてみます。みなさんは、まとまった現金を管理する時、自宅で保管するでしょうか、銀行に預けるでしょうか？

　自宅に管理する場合、頑丈な金庫が必要です。また、自宅に外部から侵入されないように施錠する必要があります。万が一、侵入されたら、侵入を検知するしくみを導入することも検討しなければなりません。

　一方、銀行に預ける場合は、銀行口座を開設し、通帳で入出金を管理すればよく、お金の物理的な管理をすべて委託できます。もし、自宅に銀行以上の設備やしくみを導入／安価で運用できるしくみがすでにあるのであれば、自宅で現金を管理する方が安全で便利ですし、そもそも、大がかりなコストをかけてまで管理する必要のない額であれば、自宅の金庫や貯金箱で管理するだけで十分でしょう。

　自宅で現金を管理する例が自社のオンプレミス環境にあたり、お金の管理が専業である銀行に現金を預ける例がクラウドサービスの利用ということになります。そのように考えると、「お金を外部に預けるかどうか」の安全性について考えることで、「データを外部に預けるかどうか」の安全性についても考えやすいのではないでしょうか。

　AWSでは、セキュリティに関して**共有責任モデル**（**Shared Responsibility Model**）という考え方を採用しています。

　責任共有モデルとは、システムに対する物理的な侵入に対してはAWSが責任を持ち、アカウントやアクセス権の設定やネットワークの設定などはサービスの利用者が責任を持って管理する考え方です。セキュリティに関する責任を分割して共有するわけです。

　AWSが維持管理するデータセンターの安全性やデータセンター内で稼働する物理サーバー群の管理などは、AWSが責任を持つことで、システム利用者の責任を大きく軽減できます。

　また、AWSはセキュリティに関して、多くの第三者機関による認証を受けています。これらは、AWSがきわめて高いレベルで運用されていることを裏付けています。主な第三者機関による認証は次のとおりです。

主な第三者機関による認証

認証	説明
ISMS（ISO27001）	情報セキュリティマネージメントに対する第三者適合性評価制度
HIPAA	米国における医療保険の相互運用性と説明責任に関する法令
ITAR	国際武器取引規則
FIPS 140-2	暗号モジュール（暗号処理のためのソフトウェアやハードウェア）に関するセキュリティ要件を規定した規格
PCI DSSレベル1	クレジット業界におけるグローバルセキュリティ基準

6.2　IAMによるユーザーアカウント管理

ここからはIAMを使って、アカウント管理の手順と、AWSでのアカウントの考え方を説明します。

6.2.1　IAMとは

Identity and Access Management（IAM）は、AWSが提供するユーザーアカウント管理サービスです。AWSのユーザーが「正当なユーザーであるか」を認証するしくみを提供し、ユーザーごとに利用できるサービスを制限します。

AWSのユーザーアカウントには、クレジットカードが紐付いています。そのため、もし認証情報が漏えいしてしまうと、任意の第三者にAWSのサービスを利用されてしまい、覚えのない高額請求が発生する恐れがあります。そのため、IDとパスワードだけの認証ではなく、よりセキュアな使い捨てのワンタイムパスワードと組み合わせる**多要素認証**の機能も用意しています。

URL　IAM公式サイト
https://aws.amazon.com/jp/iam/

6.2.2　AWSのユーザーアカウント

AWSのユーザーアカウントには、次の2種類があります。アカウントによってできることが異なるので、利用する目的に応じて使い分けます。

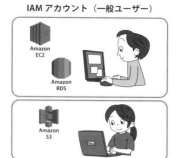

AWSアカウントとIAMアカウント

■ AWSアカウント

AWSに登録すると付与されるユーザーアカウントです。AWSが提供するすべてのサービスを操作できる、強い権限を持つアカウントです。**AWSルートアカウント**と呼ばれることもあります。

UNIXやWindowsなどのサーバーOSでの、特権ユーザー（root／Administrator）のようなものと理解しておけばよいでしょう。既定では、登録時に指定したメールアドレスとパスワードの組み合わせで認証します。万が一、認証情報が外部に漏れてしまうと、第三者に不正利用される恐れがあります。

■ IAMアカウント

IAMアカウントは、許可されたAWS上のサービスを操作できるアカウントです。AWSマネージメントコンソールだけでなく、AWS SDKなどを使って作成したアプリや、IDEで使用するAWS Toolkitでも利用できます。IAMアカウントは必要に応じて複数作成できます。

IAMアカウントは、ユーザーIDとパスワードによる認証の他、アクセスキーとシークレットアクセスキーの組み合わせでの認証もできます。同じ権限を持つ複数のアカウントを管理する時は、IAMグループを作成します。

6.2.3　多要素認証（MFA）の設定

AWSでは、物理デバイスと連携したトークン認証を行う機能が提供されています。

たとえば、スマートフォンでワンタイムパスワードを発生させ、通常のパスワードと、ワンタイムパスワードを組み合わせて認証を行うことで「登録したメールアドレスとパスワードを知っている人」に加えて「あらかじめ登録済みのデバイスを所持している人」しか認証ができなくなります。このように、複数の認証情報で正当性を確認することを**多要素認証（MFA）**と呼びます。

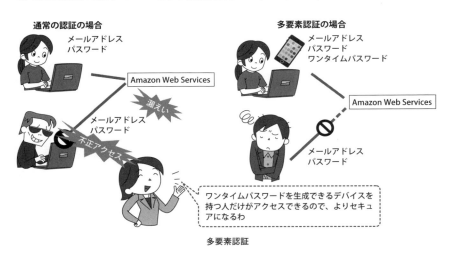

多要素認証

AWSでは、MFAを利用するために、以下のような方法があります。

- スマートフォン上のアプリで動作する仮想MFAソフトウェアを利用
- 専用ハードウェアのMFAデバイスを購入して利用

特に、AWSアカウントは強い権限を持つため、MFAの設定をおすすめします。

> **NOTE　ワンタイムパスワード**
>
> ワンタイムパスワードとは、一度しか使えない使い捨てパスワードのことです。ワンタイムパスワードのしくみは製品によってさまざまですが、AWSで利用されている時間同期方式（タイムスタンプ方式）では、認証に**トークン**というワンタイムパ

スワード生成器を使います。

このトークンは、大きく分けて、以下のタイプのものに分類できます。

- ICカード型やキーホルダー型の物理デバイスタイプ
- スマートフォンなどにアプリをインストールして使うソフトウェアタイプ

いずれのトークンも、画面に数桁の数字が表示され、時間の経過とともに別の数字に切り替わります。この刻々と変わる数字が、ワンタイムパスワードです。

時刻同期方式の認証では、ユーザー認証の時、トークンを一意に識別する識別子とトークンに表示されたワンタイムパスワードを、認証サーバーに送信します。

ワンタイムパスワードを受け取った認証サーバーは、どのユーザーがどのトークンを使っているか、トークンがどの時刻にどのワンタイムパスワードを生成するかをあらかじめ知っています。そこで、サーバーは、トークン識別子から、アクセス時刻とワンタイムパスワードを比較して、ユーザーを認証します。

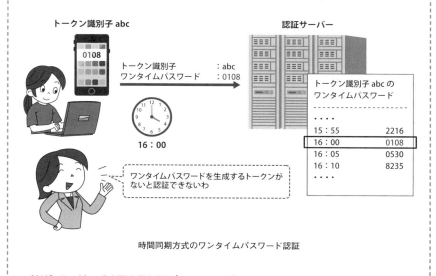

時間同期方式のワンタイムパスワード認証

AWSでは、**OATH TOTP**（**Open Authentication Time-based One-Time Password**）プロトコルをサポートしたトークンを利用できます。

本書では、ソフトウェアタイプのトークンを利用したMFAの設定手順を説明します。AWSでは、次のスマートフォンアプリが利用できます。

仮想MFAソフトウェア

OS	アプリ名
Android	AWS Virtual MFA ／ Google Authenticator
iOS (iPhone)	Google Authenticator
Windows Phone	Authenticator

　ここでは、Android用のGoogle Authenticatorを使って、AWSアカウントにMFAを設定する手順を説明します。

1 Android端末への仮想MFAソフトウェアのインストール

　まず、トークン生成するスマートフォンに、Google Authenticatorをインストールします。Android端末の［Google Play Store］から「Google Authenticator」を検索し、［インストール］ボタンをクリックします。

Google認証システムのインストール

2 IAMでの仮想MFAの関連付けを設定

　AWSマネージメントコンソールから［Identity & Access Management］を起

動します。

IAMの起動

①IAMのダッシュボードを選択し、[ルートアカウントのMFAを有効化] 配下の② [MFAの管理] ボタンをクリックします。

MFAの管理

ダイアログが表示されたら、有効にするMFAデバイスを選択します。ここでは、①「仮想MFAデバイス」を選択し、② [次のステップ] ボタンをクリックします。

第6章　AWSのセキュリティ

MFAデバイスの選択

ここで、MFAデバイスの準備を促す画面が表示されるので、先ほどの手順 1 で用意したAndroid端末のGoogle Authenticatorを起動して、[次のステップ] ボタンをクリックします。

MFAデバイスの準備

次のように、連携に必要なQRコードが表示されます。

6.2 IAMによるユーザーアカウント管理

QRコードの表示

ここで、Android端末にインストールしたGoogle Authenticatorを起動すると、次の画面が表示されるので、[設定を開始]ボタンをクリックします。

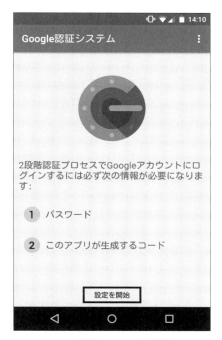

Google認証システムの設定開始

アカウントの追加方法を聞かれるので、[バーコードをスキャン]を選択します。

QRコードによる登録

AWSのIAMで表示されたQRコードをAndroid端末のカメラで読み込むと、確認コードの画面が表示されます。ここで、Android端末で6桁の数字が表示されます。

6.2 IAMによるユーザーアカウント管理

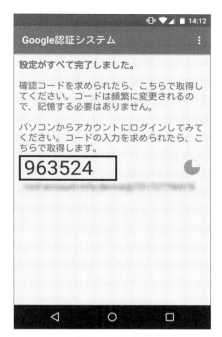

確認コードの表示

　表示された6桁の数字を、AWSマネージメントコンソール側の［認証コード1］に入力します。6桁の数字は一定期間ごとに更新されます。番号が更新されたら、新しい6桁の番号を［認証コード2］に入力し、②［仮想MFAの有効化］ボタンをクリックします。このように、**連続した2つの確認コードを入力**することで、仮想MFAデバイスが有効になります。

IAMへのシークレットキー登録

281

これで、設定が完了しました。[完了]ボタンをクリックします。

MFAデバイスの関連付け完了

　ここで関連付けたMFAデバイス（Android端末）がないと、以降、AWSにアクセスできなくなります。そのため、**仮想MFAデバイスは絶対になくさないよう注意してください**。万が一なくしたり、故障したりした場合は、AWSに個別に問い合わせをして、解除しなければなりません。

> **URL** MFAデバイスの紛失および故障時の対応
> http://docs.aws.amazon.com/ja_jp/IAM/latest/UserGuide/id_credentials_mfa_lost-or-broken.html

3 仮想MFAを使ったAWSマネージメントコンソールへのログイン

　AWSマネージメントコンソールにログインしている場合は、いったんログアウトします。通常どおり、AWSアカウントとパスワードを入力し、[サインイン]ボタンをクリックします。

AWSマネージメントコンソールへのログイン

MFAデバイスを設定したら、次のように認証コードを入力する画面が表示されるので、Android端末のGoogle認証システムで表示されている6桁の数字を[認証コード]に入力します。

認証コードの入力

これで、通常のパスワードに加えて、使い捨てのワンタイムパスワードによる認証ができるようになりました。

6.2.4 IAMアカウントの作成

これまで使用してきたAWSアカウントは、AWSのすべての操作が可能な強い権限を持っています。しかし、IAMアカウントを作成すれば、AWSで操作できる権限を限定できます。

ただし、IAMアカウントは、既定では作成されません。ここでは、EC2とS3

だけ利用できる権限を持つIAMアカウントを新たに作成し、AWSマネージメントコンソールにログインする手順を説明します。

1 IAMアカウントの作成

AWSマネージメントコンソールから［Identity & Access Management］を起動します。

IAMの起動

①IAMメニューの［ユーザー］を選択し、②［新規ユーザーの作成］ボタンをクリックします。

新規ユーザーの作成

ユーザーの作成画面が表示されるので、①作成するIAMアカウントのユーザー名を指定します。ここでは、ユーザー名に「iam-user」を指定します。

作成したユーザーは、AWSマネージメントコンソールからのログインだけでな

く、AWS CLIやAWS SDKなどを利用して作成した各種アプリでも利用できます。ただし、その時はアクセスキーが必要になります。②[ユーザーごとにアクセスキーを生成]にチェックし、③[作成]ボタンをクリックします。

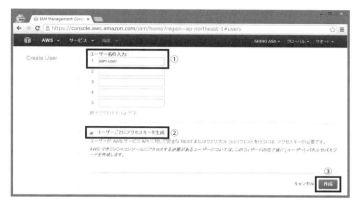

ユーザー名の指定

IAMアカウントが作成できたら、次のようにアクセスキーが表示されます。

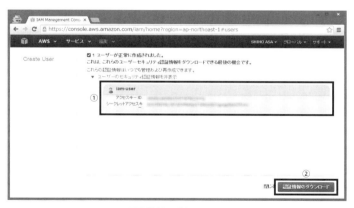

認証情報のダウンロード

①このアクセスキーを控えるか、または②[認証情報のダウンロード]をクリックして、アクセスキーをダウンロードします。生成したアクセスキーはこの画面でしか取得できないので、注意してください。アクセスキーさえあればAWSのサービスを利用できてしまいますので、**パスワードと同様に厳重に管理してください**。

2 IAMアカウントへの権限付与

作成したIAMアカウントに、EC2とS3のすべての操作ができるアクセス権を付与します。まず、①IAMのメニューで［ユーザー］を選択し、②先ほど作成したユーザー「iam-user」を選択します。③［アクセス許可］タブを選択し、④［ポリシーのアタッチ］ボタンをクリックします。

アクセス許可の設定

付与できるポリシーのリストが表示されます。

ポリシーのアタッチ

ポリシーとは、AWSのサービスに対するアクセス権を設定したものです。設定できるポリシーは次の2種類があります。

- **AWS管理ポリシー**
　AWSが作成／管理する管理ポリシーです。ポリシーを初めて利用する時は、このAWS管理ポリシーから開始することをお勧めします。
- **カスタマー管理ポリシー**
　AWSアカウントで作成／管理する管理ポリシーです。AWS管理ポリシーよりも細かくポリシーを管理できます。

表示するポリシーをフィルタリングしたい時は［ポリシータイプ］をクリックします。
　ここで、①AWS管理ポリシーである次の2つのポリシーをチェックし、②［ポリシーのアタッチ］ボタンをクリックします。

- AmazonEC2FullAccess：EC2のすべての操作を許可する権限
- AmazonS3FullAccess：S3のすべての操作を許可する権限

なお、1つのユーザーに設定できるポリシーは10個までです。

ポリシーのアタッチ

これで、IAMアカウントへの権限付与の設定が完了しました。

第6章　AWSのセキュリティ

3 IAMアカウントへのパスワード設定

作成したIAMアカウントにパスワードを設定します。①IAMのメニューで［ユーザー］を選択し、②先ほど作成したユーザーである「iam-user」を選択します。③［認証情報］タブを選択し、④［パスワードの管理］ボタンをクリックします。

パスワードの管理

パスワード管理画面が表示されるので、①［自動作成パスワードの割り当て］を選択し、ユーザーに割り当てるパスワードを生成します。②［次回のサインインで新しいパスワードを作成するようにユーザーに求める］のチェックを外し、③［適用］ボタンをクリックします。

パスワードの設定

自動生成されたパスワードが表示されるので、①このパスワードを控えるか、または②［認証情報のダウンロード］をクリックして、パスワードをダウンロードします。

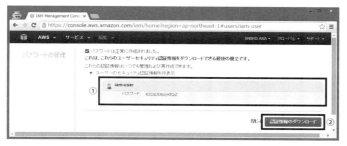

パスワードの確認

4 IAMアカウントを使ったAWSマネージメントコンソールへのログイン

IAMアカウントでログインする時は、①IAMメニューの［ダッシュボード］を選択し、②［IAMユーザーのサインインリンク］に表示されているURLにアクセスします。

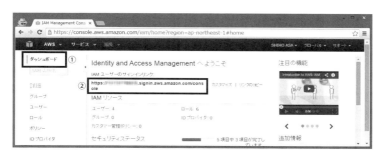

サインインリンクの確認

認証画面が表示されたら、①［ユーザー名］にIAMアカウントである「iam-user」を入力し、［パスワード］には先ほど控えたパスワードを入力します。②［サインイン］ボタンをクリックし、ログインします。

AWSマネージメントコンソールへのログイン

　認証が成功すると、AWSマネージメントコンソールにログインできます。このIAMアカウントは、EC2とS3以外のサービスを利用できません。

　これで、利用権限が制限されたIAMアカウントの作成ができました。

6.2.5　IAMグループの作成

　IAMアカウントごとにポリシーを設定すると、利用者が増えるごとにアカウント管理の負荷があがります。また、万が一ポリシーを誤って設定してしまうと、権限によっては不正にアクセスされてしまう恐れもあります。

　そこで、IAMグループを作成し、IAMグループにIAMアカウントを登録することで、複数のIAMアカウントをまとめて管理できます。

IAMグループ

6.2 IAMによるユーザーアカウント管理

1 IAMグループの作成

AWSルートアカウントでログインしなおして、AWSマネージメントコンソールから［Identity & Access Management］を起動します。

IAMの起動

まず、①IAMの［グループ］を選択し、②［新しいグループの作成］ボタンをクリックします。

新しいグループの作成

グループ名の指定

次に、作成するグループ名を指定します。ここでは、③開発者のグループを作るものとして「SystemDevGroup」と入力し、④［次のステップ］ボタンをクリックします。

2 IAMグループへの権限付与

IAMグループに割り当てる権限（ポリシー）を設定します。

第6章 AWSのセキュリティ

ポリシーの設定

ここでは、EC2／S3／RDSのすべての機能を利用できるようにするため、①次の3つのポリシーを選択します。

- AmazonEC2FullAccess：EC2のすべての操作を許可する権限
- AmazonS3FullAccess：S3のすべての操作を許可する権限
- AmazonRDSFullAccess：RDSのすべての操作を許可する権限

設定できるポリシーは、10個までです。設定ができたら、②［次のステップ］ボタンをクリックします。

確認画面が表示されるので、［グループの作成］ボタンをクリックします。

グループの作成

これで、IAMグループが作成できました。

3 IAMグループへのユーザーの追加

作成したIAMグループにユーザーを追加します。IAMメニューの①［グループ］を選択し、先ほど作成した②「SystemDevGroup」をクリックします。③［ユーザー］タブの④［グループにユーザーを追加］ボタンをクリックします。

ユーザーの追加

ここで、IAMグループに追加したいユーザーを選択します。①作成したIAMユーザーの「iam-user」にチェックを入れ、②［ユーザーの追加］ボタンをクリックします。

ユーザーの選択

これで、ユーザーを追加できました。同じように複数のユーザーを追加するこ

とで、ポリシーをまとめて管理できます。

6.2.6 パスワードポリシーの設定

IAMアカウントに安易なパスワードが割り当てられていると、類推されて不正アクセスに利用されるなど、セキュリティ上の脆弱性となる恐れがあります。そこで、パスワードのポリシーを設定することで、安易なパスワード設定を禁止できます。

パスワードポリシーを設定するには、IAMメニューの①［アカウント設定］をクリックし、②［パスワードポリシー］を選択します。

パスワードポリシーの設定

IAMのパスワードポリシーでは、次のオプションを設定できます。

IAMのパスワードポリシー

項目	説明
パスワードの最小長	パスワードの最小文字数（6〜128の数値）を指定
少なくとも1つの大文字が必要	パスワードに最低1個のアルファベット大文字（A〜Z）を含む
少なくとも1つの小文字が必要	パスワードに最低1個のアルファベット小文字（a〜z）を含む
少なくとも1つの数字が必要	パスワードに最低1個の数字（0〜9）を含む
少なくとも1つのアルファベット以外の文字が必要	パスワードに (! @ # $ % ^ & * ( ) _ + - = [ ] { } | ') のいずれかを最低1個含む
ユーザーにパスワードの変更を許可	IAMユーザーが自分のパスワードを変更できる

項目	説明
パスワードの失効を許可	指定した日数（1 ～ 1095）だけパスワードを有効にする。パスワードの有効期限まで15日以内になると、AWSマネージメントコンソールに警告メッセージが表示される
パスワードの再利用を禁止	指定した数（1 ～ 24）以前のパスワードを再利用できないようにする
パスワードの有効期限で管理者のリセットが必要	パスワードの有効期限が切れた後、IAM ユーザーが新しいパスワードを選択禁止にする

IAMユーザーを作成する時は、パスワードポリシーは必ず設定しましょう。

6.3　データの暗号化

AWSでは、さまざまなサービスでデータを暗号化できます。ネットワーク上を流れる通信データを暗号化したり、ストレージに保存したデータを暗号化したりすることで、情報漏えいや改ざんの可能性を低減できます。

AWSでは、さまざまなサービスで暗号化をサポートしていますが、ここでは、特におさえておきたい主要な暗号化のしかたについて説明します。

6.3.1　EC2インスタンスへのSSH接続

EC2は、インスタンスにログインするための認証情報を、**公開鍵暗号方式**で暗号化します（6.1.4項）。公開鍵暗号方式では、**公開鍵**と**秘密鍵**を作成し、管理する必要があります。

AWSでは、この公開鍵と秘密鍵のペアを**キーペア**と呼びます。ここでは、キーペアを作成し、作成したキーペアを使ってEC2にSSHログインする手順を説明します。

キーペアの作成

AWSマネージメントコンソールから［EC2］を起動します。

第6章　AWSのセキュリティ

EC2の起動

　EC2メニューの①[キーペア]をクリックし、②[キーペアの作成]ボタンをクリックします。ここで、③に作成するキーペアの名前を入力します。ここでは、「WebServerKey」という名前のキーペアと作成します。入力できたら、④[作成]ボタンをクリックします。

キーペア名の指定

　作成された秘密鍵「WebServerKey.pem」が、ダウンロードされます。この秘密鍵があれば、作成したEC2インスタンスにログインできます。そのため、なくしたり漏えいしたりしないよう厳重に管理してください。

　なお、作成したキーペアは、リージョンごとに独立しています。

キーペアのインポート

システム移行などの際、既存のキーペアがすでにある場合、AWSではキーペアをインポートして利用できます。

ただし、利用できるのは、RSA暗号キーのみです。RSA暗号とは公開鍵暗号の1つで、桁が大きい数の素因数分解が困難であることを安全性の根拠としています。

2 EC2インスタンスの起動

作成したキーペアを使ってEC2インスタンスを起動します。EC2インスタンスを起動する手順については、3.3.3項を参照してください。

インスタンス起動の最後で、使用するキーペアを選択するダイアログが表示されるので、①作成した「WebServerKey」を選択し、②［インスタンスの作成］ボタンをクリックします。

キーペアの指定

これで、EC2インスタンスが生成されました。指定したキーペアの公開鍵がEC2インスタンスに埋め込まれます。

3 EC2インスタンスへのSSH接続

ペアとなる秘密鍵を使って、EC2インスタンスにアクセスします。

TeraTermを起動し、①EC2インスタンスのパブリックDNSまたはパブリックIPを入力し、②サービスを［SSH］に指定し、③［OK］ボタンをクリックします。

EC2への接続

　SSH認証のダイアログが表示されるので、①［ユーザー名］に「ec2-user」を指定します。②［RSA ／ DSA ／ ECDSA ／ ED25519鍵を使う］を選択し、③［秘密鍵］ボタンをクリックして、ダウンロードしたキーペアの秘密鍵ファイルである「WebServerKey.pem」のファイルパスを指定し、④［OK］ボタンをクリックします。

SSH認証

　SSHで暗号化された通信を利用することで、EC2インスタンスに安全にリモートログインができます。

EC2インスタンスへのリモートログイン

6.3.2　S3のデータ暗号化

　S3は、テキストデータだけでなく、静止画や動画などさまざまなオブジェクトを保管できるストレージです。業務システム内でのファイルサーバーとしての利用など、AWSの中でも、最も利用頻度が多いサービスの1つです（第3章）。S3は、次の手順でデータを暗号化できます。

　まず、AWSマネージメントコンソールから[S3]を起動します。

S3の起動

　3.2.3項の手順で任意のバケットを作成します。バケットにアップロードするファイルを暗号化する時は、[詳細の設定]ボタンをクリックします。

S3の詳細の設定

詳細設定画面が表示されるので、①[サーバー側の暗号化を使用]にチェックを入れ、暗号化の方法を選択します。暗号化の方法は、次の2つから選択できます。

- **Amazon S3サービスマスターキーを使用**

    AWSが管理しているマスターキーで暗号化します。256ビットの高度暗号化規格（AES-256）を使用して、S3上のデータを暗号化します。

- **AWS Key Management Serviceマスターキーを使用**

    AWSの鍵管理サービスであるKey Management Serviceを使って、管理しているマスターキーを使用して暗号化します。こちらを選択すると、ユーザー固有の鍵を使えます。

ここでは、②「Amazon S3サービスマスターキーを使用」を選択し、③[アップロードの開始]ボタンをクリックします。

詳細の設定

これで、S3のデータを暗号化できました。

6.3.3　RDSのデータ暗号化

RDSには、業務システムで扱う重要データが格納されている場合があります。これを暗号化するには、次の手順で行います。

AWSマネージメントコンソールから [RDS] を起動します。

RDSの起動

4.3.4項の手順で、任意のRDSインスタンスを作成します。ただし、RDSでデータ暗号化をサポートしているDBインスタンスクラスは次のとおりです。

暗号化をサポートしているRDSインスタンスクラス

インスタンスタイプ	インスタンスクラス
一般的な目的（M4）	db.m4.large ／ db.m4.xlarge ／ db.m4.2xlarge ／ db.m4.4xlarge ／ db.m4.10xlarge
メモリの最適化（R3）	db.r3.large ／ db.r3.xlarge ／ db.r3.2xlarge ／ db.r3.4xlarge ／ db.r3.8xlarge
バースト可能（T2）	db.t2.large ／
メモリ最適化（CR1）	db.cr1.8xlarge
一般的な目的（M3）	db.m3.medium ／ db.m3.large ／ db.m3.xlarge ／ db.m3.2xlarge

ここでは、「db.m4.large」を選択して、インスタンスを生成します。なお、暗号化をサポートしているDBインスタンスクラスは、無料枠の対象ではないので、注意してください。

第 6 章 AWS のセキュリティ

DBインスタンスクラスの設定

　[データベースの設定] 画面が表示されるので、①[暗号化の有効] にチェックを入れます。②で暗号化に使用する鍵を選択します。ここでは、AWSが標準で用意しているマスターキーを使います。AWSの鍵管理サービスであるKey Management Serviceを使って、管理しているマスターキーを使用することも可能です。

暗号化の設定

　これで、RDSの暗号化の設定は完了しました。データの暗号化／復号は、RDSが自動で行うので、利用者が意識する必要はありません。

7章

システム運用

　システムはリリースさえすれば終わり、ではありません。リリース後も、リソース監視やデータのバックアップ、障害監視、復旧対応など、ユーザーが快適にシステムを利用できるように、システムを運用しなければなりません。
　システム運用フェーズでやるべきことはおおむね決まっていますが、AWSを使ってシステムを構築した場合、オンプレミス環境でのシステム運用の考え方や手法とは異なる部分も数多くあります。
　本章では、AWSを使って構築したシステムを安定稼働させるうえで知っておきたいシステム運用の基礎知識と、AWSのサービス監視やデータ管理のしかた、コードによる構成管理の自動化の手順などを説明します。

7.1 システム運用の基礎

　システム開発／構築は、プロジェクト発足から本番リリースにむけた有期のタスクです。一方のシステム運用は、本番リリース以降、システムが利用者にサービスを完全に終了するまでの間、継続されるタスクになります。システムが長期稼働するものであれば、運用の良し悪しがシステムのサービスレベルを決めるといっても過言ではないでしょう。

　システム運用でどのようなことをやればよいかは、そのシステムの持つ社会的役割や重要度、システムを運用する組織の体制や文化によって異なるため、一概にこれが正解である、といい切れるものではありません。

　しかしながら、**ITIL**（Information Technology Infrastructure Library）と呼ばれる、システム運用におけるベストプラクティス（成功事例）をまとめた書籍に則って、多くのシステムが運用されています。ITILでまとめられている事項は多岐に亘りますが、最新版であるITIL V3では、システム運用を、次の5つのライフサイクルに分けて書籍化しています。

1. **サービス戦略**（Service Strategy）
   どのようにサービスを設計／開発するかの戦略をまとめたものです。財務管理／需要管理／サービスポートフォリオ管理など、長期的なビジネスの観点からITサービス全体をどうするかの戦略を立てます。

2. **サービス設計**（Service Design）
   サービスのビジネス要件を満たすために、どのようにシステム運用するかがまとめられています。サービスレベル管理／キャパシティ管理／可用性管理／ITサービス継続性管理／情報セキュリティ管理など、実際にシステムを効率よく運用するための設計を行います。

3. **サービス移行**（Service Transition）
   既存システムから新システムへの移行をスムーズに行う方法がまとめられています。変更管理／構成管理／ナレッジ管理／移行計画＆支援／リリース＆デプロイ管理／サービスバリデーション＆テスト／評価などがあります。

4. **サービス運用**（Service Operation）
   システムが本番リリースした後に発生する定常業務の方法がまとめられています。インシデント管理／アクセス管理／問題管理をはじめ、サービスデスク／技術管理／アプリ管理などがあります。

5 継続的サービス改善（Continual Service Improvement）

　システム運用時に継続的に改善すべきところを見つけ修復し、システム利用者によりよいサービスを提供する方法がまとめられています。主に、サービス測定／サービスレポートなどがあります。

ここでは、AWSを利用したシステムの運用を行う際、特に知っておきたい項目と、特にオンプレミス環境とは考え方が異なる項目を説明します。

> **NOTE　SLA**
>
> サービスレベル管理とは、システムの提供者と利用者の間であらかじめサービスレベルを規定し、このサービスレベル維持管理することです。あらかじめ規定するサービスレベルのことを **SLA**（Service Level Agreement）と呼びます。

7.1.1　キャパシティ管理

　キャパシティ管理とは、システムが提供するサービスの需要を予測／監視／評価し、需要を満たすために必要な、最適なシステムリソースを提供することです。一般的にサービスの需要には変動があるため、それに応じて、システムを構成するサーバー群のCPUやメモリなどのリソースやネットワーク帯域などを、必要な時に必要な量だけ提供するのが望ましいシステムです。

　オンプレミス環境では、システムを設計する時にサービスの需要をあらかじめ見積もり、それに見合ったシステムリソースを用意しておくのが一般的でした。しかし、ビジネスの観点からサービスの需要を正確に見積もるのは、非常に難しいタスクです。特に、不特定多数の人が利用するコンシューマー向けのサービスなどは、急激な負荷増大によってシステムリソースが不足し、サービスが停止する恐れもあります。

　一方、仮想化技術をもとに構成されているクラウドは、複数のサービスでCPUやメモリなどのハードウェアリソースを共有できます。クラウドを使ったシステムでは、利用したリソースの量や時間に応じて従量課金され、必要なリソースをシステムの負荷に応じて動的に変更できます。たとえば、サービス開始時は、オーバースペックのリソースを割り当てておいて、負荷を監視しながら、適正なリソースにダウングレードしたり、急激な負荷増大を検知したら、自動でシステムリソースの割り当てを増やしたりできます。

そのため、オンプレミス環境でのシステム構築で必要だったサービス需要の見積もり自体が不要になり、キャパシティ管理の考え方自体が大きく変わります。

7.1.2　可用性管理

システムにおける可用性とは、システムが継続して稼働できる能力のことです。可用性が高いシステムを作るための代表的な技術要素に**冗長化**があります。システムの冗長化とは、万が一障害が発生しても、システム全体を停止させないようにする技術要素のことです。

ここでシステムの冗長化構成を構築する時に、基礎知識として理解しておきたい用語を説明します。

■ コールドスタンバイ方式

構成や設定が同じサーバーやネットワーク機器を、あらかじめバックアップ機として用意しておき、本番環境に近い場所に設置し、電源を停止しておきます。

もし、本番環境で動作している機器に障害が発生したら、バックアップ機の電源を入れ、本番環境の機器をまるごと取り替えます。電源を停止した状態で待機させるので**コールドスタンバイ**と呼ばれています。

コールドスタンバイで大事なことは、本番環境の機器とバックアップ機は、設定を全く同じにしておく必要があるということです。障害が発生した時に、機器ごと取り替えるので、OSやミドルウェアの設定／アプリのバージョンなどが異なっていると正しい動作をしなくなる恐れがあります。また、単一の機器の交換だけでなく、サーバーやネットワークなどのシステムごと切り替えることもあります。コールドスタンバイでは本番の機器／システムのことを現用機や正系、バックアップ機／システムのことを予備機／待機系や副系となど呼びます。

コールドスタンバイ

■ ホットスタンバイ方式

　同一構成のサーバーを2台同時に稼働させ、もしメインのサーバーで障害が発生した時は、待機しているもう1台が肩代わりして処理を引き継ぐ構成のことを**ホットスタンバイ**といいます。どちらも稼働している状態なので、リアルタイムにデータを更新にできます。また、障害発生時の切り替え時間も短くなります。

　なお、障害が発生したサーバーやネットワーク機器をシステムから自動で切り離し、予備機に切り替えることを**フェールオーバー**といいます。フェールオーバーには、現用機のサーバーのIPアドレスを引き継ぐものやサーバーのセッション情報を引き継ぐものもあり、利用者からシステム障害を意識させないようにしています。

ホットスタンバイ

■ ヘルスチェック

　障害時に迅速に切り替えを行うために、現用機で障害が発生したことを検知するしくみを**ヘルスチェック**といいます。つまり、サーバーが健康かどうかをチェックするものです。ヘルスチェックは、サーバーに対して一定間隔ごとに、なんらかの応答要求を出し、リプライが返ってくるかどうかで正常稼働を判断します。

ヘルスチェック

ヘルスチェックの要求は次のようなものがあります。当然、レイヤーが高くなるほど正確なヘルスチェックができますが、サーバーに対して負荷もかかります。

ヘルスチェックの種類

レイヤー	説明
ICMP監視（レイヤー3）	pingなどの応答を確認する
ポート監視（レイヤー4）	Webサービスであれば80番ポートからの応答を確認する
サービス監視（レイヤー7）	HTTP通信を確認する場合、特定のページが正しく表示されるかを確認する

■ 負荷分散

冗長化構成を取ると、システムの可用性が向上しますが、予備系のサーバーを利用せずにただ保有しておくだけでは無駄になります。そのため、システムの可用性の向上と処理速度向上を同時に行う技術要素に**負荷分散**があります。

負荷分散とは、サーバーの処理を複数の機器に割り振ることで、特定の機器に負荷が集中するのを防ぐことです。負荷分散はWebアプリケーションサーバーなど、トラフィックが集中する箇所などでよく利用されています。

DNSラウンドロビンは、1つのドメイン名に複数のサーバーのIPアドレスを割り当てる負荷分散技術です。たとえば、Webサーバーについているドメイン名に、複数台のサーバーのIPアドレスを割り当てておけば、リクエスト時にアクセス先のサーバーのIPアドレスが分散されます。これはDNSサーバーの基本機能で実現できるので、安価に構築できます。ただし、厳密に均等に負荷を分散することは難しく、またサーバーの障害を検知するしくみがないので、別途構築する必要があります。

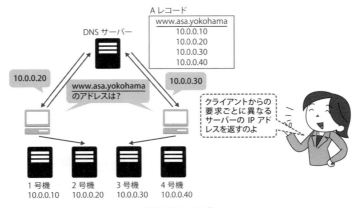

DNSラウンドロビン

ロードバランシングは、ロードバランサーと呼ばれる専用の機器で、リクエストをアルゴリズムに基づいて処理を分散させる方式です。リクエストを均等に割り振るアルゴリズム（**ラウンドロビン**）やリクエストの内容ごとに割り振り先を決めるアルゴリズムなどがあります。サーバーのヘルスチェックも行い、障害のあるサーバーにはリクエストを割り当てないため、システムの可用性と処理速度が向上します。

ただし、ロードバランサー自身が**単一障害点（SPOF）**になってしまうため、冗長化しておかないとシステムの可用性は向上しません。SPOFとは、その箇所で障害が発生すると、システム全体が利用できなくなる部分のことです。

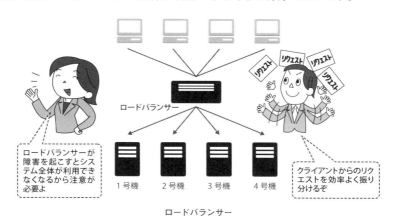

ロードバランサー

7.1.3　構成管理／変更管理

インフラの構成管理とは、インフラを構成するハードウェア／ネットワーク／OS／ミドルウェア／アプリの構成情報を管理し、適切な状態に保つことをいいます。

オンプレミス環境では、自社で調達した機器を、3年／5年／10年…と、提供したベンダーの保守期限が切れるまで使うため、いったん構築したものを、メンテナンスしながら長く使うのが一般的です。そのため、本番運用時のトラフィックに合わせてパフォーマンスチューニングし、さまざまなインフラ構成要素を変更しながら、運用管理をしていました。

しかし、クラウドシステムの登場やさまざまな仮想化技術によって、インフラ構築の手法は大きく変わりました。

クラウドは仮想環境をもとにしているので、インフラ構築から物理的な制約が

なくなります。そのため、これまでのオンプレミスでは難しかった、サーバーやネットワークの構築や破棄がかんたんにできます。

一度構築したインフラは変更を加えることなく破棄して、新しいものを構築してしまえばよく、これまで負荷の大きかったインフラの変更履歴を管理する必要がなくなりました。そして、インフラの変更履歴を管理するのではなく、今まさに動作している**インフラの状態**を管理すればよいというように変化してきました。

このようなインフラは **Immutable Infrastructure（不変のインフラ）** と呼ばれています。

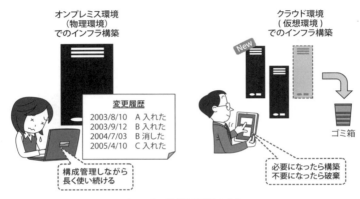

インフラの構成管理手法の変化

オンプレミスでのシステム基盤の多くは、物理サーバーやネットワーク機器をデータセンターやマシンルームなどに設置します。これらの機器は、セットアップしないと使用できないため、インフラ設計書やパラメーターシートに沿って設定を行います。クラウドの場合では、サーバー設置などの工程は不要になりますが、複数のインスタンスのセットアップ工程が必要になります。

数台程度のサーバーやインスタンスであれば、手動でこれらのセットアップ作業も可能ですが、数十台〜数百台のサーバーを1台ずつ手作業で設定して管理することは、あまり効率的ではありません。また、エンジニアが手作業で行うと、いくら念入りに作業チェックやテストしたとしても、環境設定の作業ミスを完全に防ぐことは難しいでしょう。

7.1 システム運用の基礎

手動セットアップ

　一般的なインフラの構築では、バージョン情報や設定項目の設定値が記されたパラメーターシートをもとに、インフラ機器をセットアップします。パラメーターシートは、アプリ開発での「詳細設計書」や「プログラム設計書」にあたります。

　インフラ構成管理が不十分である場合、本番環境で稼働しているインフラの設計書やサーバーのパラメーターシートが、実際の設定値と異なるということが発生し、いざ環境を構成変更しようとした時にうまく動かないことがあります。もし、このようなことが起こってしまうと、重大なシステム障害や情報漏えいなどのインシデントを引き起こしてしまう恐れもあります。

　そこで、インフラ構築する時は手順書をもとに人間が手作業で構築するのではなく、プログラムコードに書かれたとおりの内容を自動で設定するしくみを導入すれば、だれがそのプログラムを実行しても同じ状態のインフラが構築できます。

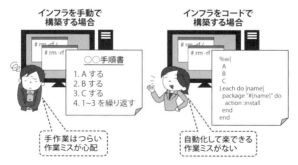

コードによるインフラ構築のイメージ

また、本番運用中に構成変更があった時に、サーバーの状態を適切に管理しておかないと、インフラ全体がブラックボックス化します。

インフラの構成情報をコードで管理しておけば、アプリ開発におけるソースコードの管理と同じように、Gitなどのバージョン管理ソフトで変更履歴を一元管理できます。構成に変更が生じた場合も、コミットメッセージを付けることで、だれがどのような目的でどのように構成変更したのかを、メンバー内で共有できます。

ソースコードでインフラ構成を可視化することで、属人化の排除につながるわけです。

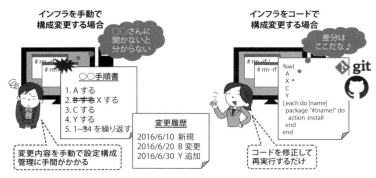

インフラ構成変更のイメージ

このように、インフラの構成をコードで管理していくことは**Infrastructure as Code**と呼ばれています。

7.1.4 サービス運用

システムがリリースされた後は、利用者がシステムを快適に利用できるようシステムを運用しなければなりません。サービス運用のタスクは多岐に亘るため、一般的な業務システムで行われている、代表的なタスクを説明します。

■ システム監視

サービス運用の大きな目的は、システムを安定して稼働させることです。これにはまず、システムを構成するサーバー群やネットワーク機器の状態を常時監視し、適切に管理する必要があります。

最初に、サービスが問題なく稼働しているかどうかを監視します。もしサービスが正しく稼働していない場合は、ログを確認し、プロセスの再起動など必要な対処を行います。

また、サーバーのCPU／メモリ／ストレージなどのリソースの使用量やネットワークの帯域を監視し、ボトルネックになりそうな箇所がないかをチェックします。短期的なリソースの増減だけでなく、中長期的な観点で増減を監視し、システム負荷に応じて機器やネットワーク回線の増強を検討する必要があります。クラウドの場合はリソースによって課金額が変わるので、余剰なリソースがないかを監視することも重要です。

さらに、業務システムでは、営業時間中のオンライン処理だけでなく、集計処理／帳票印刷処理などバッチ処理も行われます。そのため、ジョブを監視することも必要です。

多くのシステムでは、これらの監視には**統合運用管理ツール**を利用します。統合運用管理ツールとは、システムの監視対象のサーバーや機器の状態を監視し、あらかじめ設定したしきい値を超えた場合に、決められたアクションを実行するツールです。サーバーの状態をグラフやマップなどで可視化できるGUIを持ちます。また、システムの障害時に管理者にメールを送信して異常を知らせる機能を持っています。監視対象のサーバーにエージェントをインストールして監視するものもあれば、エージェントレスで監視可能なものもあります。

クラウドには、仮想インスタンスやストレージなどを監視するサービスが用意されています。しかし、クラウド内だけの監視になるものも多く、オンプレミスとクラウドが連携しながら処理をする場合や、特別な運用要件がある場合などは、別途運用のためのシステムを構築する必要があります。また、システム監視のためのSaaSサービスなども利用できます。

> **NOTE** 統合運用管理ツール
>
> 統合運用管理ツールには、商用のものやオープンソースのものなどがあります。代表的な製品は、以下のとおりです。
>
> - **Zabbix** (http://www.zabbix.com/jp/)
>   Zabbix SIA社によって開発されている統合運用管理ツールです。さまざまなネットワークサービス、サーバー、その他のネットワークハードウェアのステータスを監視／追跡するためのオープンソースソフトウェアです。収集したデータを保存するために、MySQL／PostgreSQL／Oracle／IBM DB2などを利用します。

- **JP1** (http://www.hitachi.co.jp/Prod/comp/soft1/jp1/)
    日立製作所によって開発／発売されている統合運用管理ツールです。1994年に発売された長い歴史のあるミドルウェアで、業務システムでは広いシェアを持っています。

■ パフォーマンスチューニング

　業務システムがリリースされると、サーバー群の監視結果をもとに、パフォーマンスチューニングを行います。パフォーマンスチューニングとは、システムの処理のうち、ボトルネックになっている箇所を見つけ、最適な動作になるよう調整する作業です。

　パフォーマンスチューニングする際に、重要になるのが処理速度の計測です。処理を実行する時間を計測することで、どこがボトルネックになっているのかを切り分けることができます。

　たとえば「Webアプリがなかなか表示されない」という場合、Webフロントサーバーでの処理に時間がかかっているのか、または、データベースでのデータ探索に時間がかかっているのか、ネットワークが遅いからなのかなど、さまざまな原因が考えられます。

　ボトルネックが特定できたら、具体的に処理の遅延をなくすためにハードウェアやリソースを増強したり、OSなどのパラメーターを設定変更したりして最適化します。

　なお、ボトルネックはインフラの原因だけでなく、アプリが原因で発生することもあります。たとえば、アプリの処理により無駄なリクエストが複数回上がっていることもありますし、データベースの構造が原因で必要以上の処理時間がかかっていることも考えられます。

■ 障害対応

　障害対応とは、エラーの原因を取り除き、システムを正常な状態に戻すことをいいます。サーバー監視のステータスの変化により、障害が検知される時もあれば、望ましいかたちではありませんが、エンドユーザーからの問い合わせで障害が発覚することもあります。

　まず、一次対処として、エラーの原因と復旧手順が分かっている時は、あらかじめ決められた手順に則り、復旧対策を行います。たとえば、サービスが停止している場合は再起動したり、障害が発生しているサーバーを現用系から切り離し

て、代替機に切り替えたりするなどの対処を行います。もしデータが損失しているのであれば、バックアップやジャーナルファイルをもとに復旧します。

　一次対処が完了し、エンドユーザーがシステムを正常に利用できるようになれば、なぜ障害が発生したのかの原因を調査します。原因調査では、アプリ／ミドルウェア／サーバー／ネットワーク機器が出力するログファイルの解析が重要です。

　インフラ障害の場合、単一ノードのログを眺めるだけでは原因を突き止めるのが難しいため、関連するノードやネットワーク機器のログと合わせて調査します。さらに、障害発生前のリソースの状況を分析することも重要です。

　最後に、障害の発生原因が明らかになったら、同様の障害が再発しないように恒久対策を講じます。もし、障害によってエンドユーザーの業務システム利用に影響が出た場合は、冗長化などの構成を検討します。高負荷によるリソース不足が原因でシステム障害が発生した場合は、リソースの量を増加させるよう構成を検討し、リソース増減の監視を強化します。

　システム運用メンバーとの連携不足などヒューマンエラーの場合は、要員配置や手順も含めた技術以外の対策も必要です。ただし、障害発生の頻度や業務システムのミッションクリティカル度によってどこまで対策を行うかを決める必要があります。

■ データ管理

　システムを運用すると、さまざまなデータが生成／蓄積されます。これらのデータはプログラムが終了しても、ストレージなどの記憶装置に保存されます。これは**永続データ**と呼ばれ、システムの稼働時間に応じて増加／変更していくという特徴があります。オンプレミス環境の場合、ストレージの保存領域には限りがあり、かつ、障害などでデータが消滅してしまう可能性もあるため、これらの永続データを管理する必要があります。

　まず、永続データの管理で挙げられるのが、データのバックアップとリストアです。業務システムで扱うデータの中には機密情報も含まれるので、セキュリティも勘案する必要があります。バックアップは、ストレージデバイスやテープデバイスなどの物理媒体の場合もあれば、クラウド上のストレージサービスの場合もあります。また、災害に備えて遠隔地に保管する場合もあります。

　次に、ログの管理があります。システムログやアプリケーションログは、各サーバー上に保存する場合もありますが、複数サーバーの統合監視を行う場合

は、専用のログ管理サーバーを設けるのが一般的です。また、ユーザー認証時のアクセスログなどは、セキュリティの監査証跡として長期保管が義務付けられることもあります。

Unix系のOSの場合、syslogdというデーモンを使ってカーネルやアプリからのログを管理します。また、ログ収集用のミドルウェアとしてはTreasure Dataが開発するオープンソースの**Fluentd**が有名です。

> URL **Fluentd公式サイト**
> http://www.fluentd.org/

■ 課金管理

クラウドの場合、システム導入にかかる初期費用が抑えられ、利用したシステムリソースによる従量課金のため、運用にかかる料金を適切に管理する必要があります。オンプレミス環境では、ハードウェアを保有するため、余剰なリソースはそのままでしたが、クラウドを使うと、余剰なリソースを節約できるので、システム負荷に応じた動的な課金管理を行うことが重要です。

7.2 CloudWatch による監視

システム運用では、障害対応だけでなく、キャパシティ管理や可用性管理などさまざまなタスクで、システムの状態監視が重要です。ここでは、AWSのCloudWatchを使った監視や障害通知の手順を説明します。

7.2.1 CloudWatch とは

CloudWatchは、AWSの提供するクラウドリソースとAWSで実行するアプリを監視するためのサービスです。CloudWatchには、主に次の機能があります。

- **AWSサービスの監視**

    EC2インスタンスのCPU使用率／データ転送／ストレージの使用状況などを監視できます。Amazon DynamoDBのテーブル／Amazon EBS ボリューム／ Amazon RDSのデータベースインスタンス／ ELBの状態／ Amazon SQS キュー／ Amazon SNSトピックなどの監視項目をモニタリングします。監視項目のことを**メトリック**と呼びます。

- **ログの監視と保存**

    CloudWatchログを使用することで、システムとアプリのログ監視ができます。既存のシステムログ、アプリのログファイルを CloudWatchログに送信すると、リアルタイムでモニタリングできます。また、取得したログをストレージに長期保存できます。

- **アラームの設定**

    たとえば、CPU利用率50％を上回るとシステム管理者に知らせたい、などの要件に応じて、CloudWatchのメトリックスにしきい値を設定しておけば、しきい値を超えた時に、メールなどでアラートを送信したり、あらかじめ定義されたアクションを実行したりできます。

7.2.2　EC2インスタンスのリアルタイム監視

ここでは、稼働中のEC2インスタンスの状態を監視する手順と、監視対象のメトリックスがしきい値を超えた時に、アラートを発生させる手順を説明します。なお、あらかじめ監視対象のEC2インスタンスを、3.3.3項を参照して生成してください。なお、生成したインスタンスのインスタンスIDを確認してください。

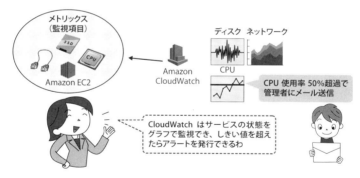

CloudWatchの概要

AWSマネージメントコンソールから［CloudWatch］をクリックします。

CloudWatchのマネージメントコンソール

　CloudWatchメニューの①［ダッシュボード］をクリックし、②［ダッシュボードの作成］ボタンをクリックしてください。

ダッシュボードの作成

　任意のダッシュボード名を設定します。ここでは、①「WebServer」と入力し、②［ダッシュボードの作成］ボタンをクリックします。

ダッシュボード名の設定

ダッシュボードには、メトリックスの値をグラフ、またはテキストで表示できます。ここでは、グラフを表示させるため、①「メトリックスグラフ」を選択し、②[設定]ボタンをクリックします。

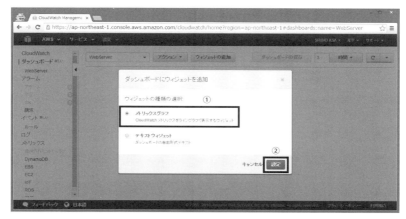

ウィジェットの選択

次に、グラフに追加したいメトリックスを選択します。ここでは、[EC2メトリックス]をクリックします。

第 7 章　システム運用

メトリックスのカテゴリ

EC2で選択できるメトリックスは次の表のとおりです。

EC2のメトリックス

メトリックス	説明
CPUCreditUsage	CPUクレジット数（count）
CPUCreditBalance	累積されるCPUクレジット数（count）
CPUUtilization	CPU使用率（%）
DiskReadOps	ディスク読み取り回数（count）
DiskWriteOps	ディスク書き込み回数（count）
DiskReadBytes	ディスク読み取り（バイト）
DiskWriteBytes	ディスク書き込み（バイト）
NetworkIn	ネットワーク受信（バイト）
NetworkOut	ネットワーク送信（バイト）
StatusCheckFailed	インスタンスステータスチェックとシステムステータスチェックがどちらも0ならば0、そうでなければ1
StatusCheckFailed_Instance	インスタンスステータスチェックに成功したかどうか。成功ならば0、そうでなければ1
StatusCheckFailed_System	システムステータスチェックに成功したかどうか。成功ならば0、そうでなければ1

　ここでは、監視したいEC2インスタンスのインスタンスIDのCPUUtilization／DiskReadBytes／DiskWriteBytes／NetworkIn／NetworkOutを選択し、[ウィジェットの作成] ボタンをクリックします。

7.2 CloudWatch による監視

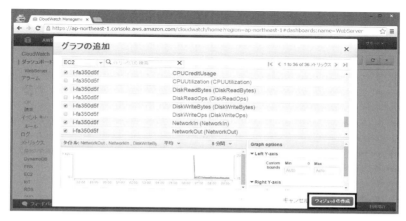

メトリックスの選択

画面に選択したメトリックスのグラフが表示されます。ここで[ダッシュボードの保存]ボタンをクリックします。これで、リソース監視のグラフを作成できました。

ダッシュボードの保存

次に、CPU使用率が50%を超えた時にメールで警告するアラームを作成します。CloudWatch メニューの①[アラーム]をクリックし、②[アラームの作成]ボタンをクリックします。

アラームの作成

ここで、CPU使用率をアラームのメトリックスに設定するため、①「CPUUtilization」を選択し、②[次へ]ボタンをクリックします。

メトリックスの選択（アラーム）

まず、アラームのしきい値を設定します。しきい値の名前と説明を①に指定します。ここでは、名前に[CPU]、説明に[CPU Usage]とします。次に、②しきい値を設定します。ここでは、「CPUUtilization」が50を1回超過した場合に設定します。

7.2 CloudWatchによる監視

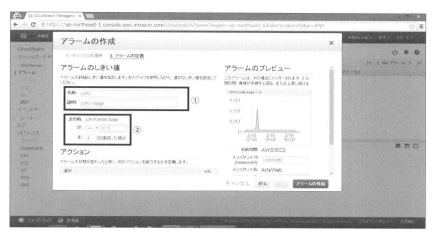

アラームのしきい値

次に、メトリックスの値がしきい値を超えた時に行うアクションを設定します。

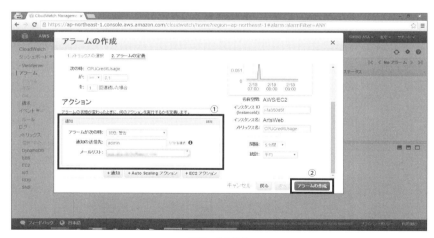

アラームの作成

実行できるアクションは次の3点です。

- 通知：システム管理者にメールなどで通知
- AutoScallingアクション：ディスク容量などのリソースが不足した時に、自動的にEC2を増強
- EC2アクション：EC2のインスタンスを停止／破棄

323

ここでは、①アラームが警告となった時に、任意のメールアドレスにメールを送信するアラームを作成します。必要な情報を入力できたら、②［アラームの作成］ボタンをクリックします。システム管理者のメールアドレスを指定しておくのが一般的です。

このタイミングで、指定したメールアドレス宛に確認メールが届くので、メール中の確認リンクをクリックしてアドレスの登録を完了します。

メールアドレスの確認

メールアドレスの確認が完了したら、［アラームの表示］ボタンをクリックします。

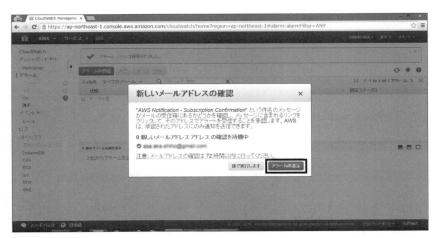

アラームの表示

作成したアラームの状態は、CloudWatchメニューの［アラーム］で表示されます。

アラームの状態確認

もし、メトリックスの値がしきい値を超えて、アラームが発生したら、次のようにCloudWatchメニューにアラームが表示されます。アラームが発生すると、指定したアドレス宛にメールが届きます。

アラームの表示

CloudWatchは、EC2の他、EBSやRDSなども監視できます。CloudWatchを使うと、あらかじめ定義されているメトリックについては、かんたんに監視できます。

OSでしか取得できないようなメトリックについては、**カスタムメトリック**を生成できます。カスタムメトリックを作成するための、インスタンス監視用のサン

プルスクリプトは、以下からダウンロードしてください。

`URL` Linux用サンプルスクリプト
http://aws.amazon.com/code/8720044071969977

7.3 CloudFormationによる構成管理

AWSでは、CloudFormationを使うことで、ソースコードによる構成管理ができます。ここでは、CloudFormationについて説明します。

7.3.1 CloudFormationとは

CloudFormationはAWSの構成情報をコードで記述することで、インフラ構築を自動化／再利用するためのサービスです。CloudFormationには、次の特徴があります。

- コードでの構成管理
    CloudFormationは、AWSのインフラ構成を**テンプレート**として定義します。作成したテンプレートは再利用できるので、同じ構成の環境をいくつも作成できます。テンプレートはJSONフォーマットのテキストファイルなので、Gitなどでバージョン管理したり、S3などのストレージサービスで管理したりすることで、開発メンバー同士でインフラ構成を共有できます。
- 学習コストが低い
    構成管理ツールは、ツールごとに使い方や構成管理ファイルの書式を学ぶ必要があります。しかし、CloudFormationの場合、よく利用される構成については、あらかじめAWSが**CloudFormationサンプルテンプレート**として配布しているので、導入のハードルが低いことが特徴です。また、AWSのさまざまなサービスをサポートしており、柔軟なカスタマイズも可能です。

`URL` CloudFormationサンプルテンプレート
https://aws.amazon.com/jp/cloudformation/aws-cloudformation-templates/

- GUIによる構成作成機能
    CloudFormation Designerでは、AWSリソースを表すアイコンとその関係

を示す矢印を備えた、テンプレートの視覚図を提供します。ドラッグ＆ドロップインターフェイスを使用してテンプレートを作成および編集し、その後、統合されたJSONテキストエディターを使用してテンプレートの詳細を編集できます。CloudFormation Designerを使用すると、インフラ設計に費やす時間が増え、テンプレートを手動でコーディングする時間が減ります。

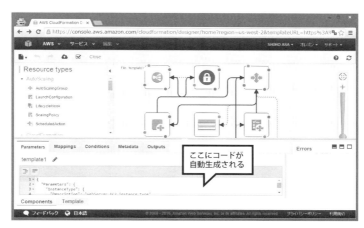

CloudFormation Designer

URL CloudFormation公式
https://aws.amazon.com/jp/cloudformation/

> **NOTE　AWSによる構成管理**
>
> 　本書は、AWSを初めて利用する方を対象に記述しているので、サービスの操作についても、AWSマネージメントコンソールを使った手順をメインに紹介しています。しかし、AWS CLIを利用すれば、コマンドラインからの操作やAWS SDKによる操作も可能です。
>
> 　本書ではCloudFormationの機能およびテンプレートの書式については深く触れませんが、本書を一読し、AWSの全体像を大まかにつかんだら、AWS CLIやAWS SDKやCloudFormationの詳細について、セミナーや書籍などでのより深い学習をお勧めします。

7.3.2 WordPress環境の自動構成

ここでは、CloudFormationを使って、オープンソースのブログプラットフォームである**WordPress**の環境を作成します。

1 CloudFormationの起動

CloudFormationを使うには、AWSマネージメントコンソールから[CloudFormation]をクリックします。

CloudFormationのマネージメントコンソール

2 スタックの生成

今回は、あらかじめ用意されたテンプレートをそのまま利用して環境を構成するため、[Create Stack]ボタンをクリックします。なお、CloudFormationでは、コードから生成されたEC2などのインスタンスのことを**スタック**と呼びます。

7.3 CloudFormationによる構成管理

スタックの作成

次に、CloudFormationのテンプレートを選択します。テンプレートは、CloudFormation Designerで作成するか、サンプルから選択するか、S3にアップロードしたファイルから選択するかを選べますが、ここでは、①［Select a sample template］から②［Multi-AZ Samples］の［WordPress blog］を選び、③［Next］ボタンをクリックします。

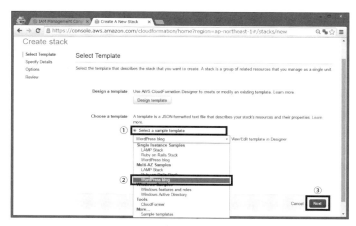

テンプレートの選択

まず、スタックの名前を指定します。ここでは[Stack name]欄に「WordPress」と指定します。

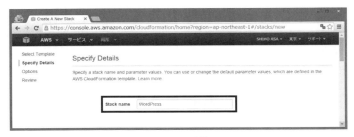

スタックの名前

次に、パラメーターを指定します。

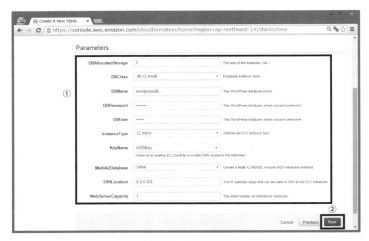

パラメーターの設定

このテンプレートでは、次の表に従って①のパラメーターを設定します。

WordPress用のパラメーター

パラメーター	説明	設定値
DBAllocatedStorage	データベースのストレージサイズ	5 (GiB)
DBClass	データベースのインスタンスクラス	db.t2.small
DBName	データベース名	wordpressdb
DBPassword	データベースのパスワード	任意のパスワード
DBUser	データベースの管理ユーザー名	任意のユーザー名
InstanceType	EC2のインスタンスタイプ	t2.micro
KeyName	AWSのキーペア	任意のキーペア

7.3 CloudFormationによる構成管理

パラメーター	説明	設定値
MultiAZDatabase	複数のアベイラビリティゾーンに複製するかどうか	false
SSHLocation	SSLを許可するアドレス範囲	0.0.0.0/0
WebServerCapacity	Webサーバー用EC2のインスタンス数	1

パラメーターの設定が完了したら、②[Next]ボタンをクリックします。次に、タグを設定します。

タグの設定

作成するのは、①Keyが「Name」でValueが「WordPress」というタグです。設定できたら②[Next]ボタンをクリックします。

確認画面が表示されるので、内容に間違いがないかを確認し、[Create]ボタンをクリックします。これで、EC2やRDSを使ったWordPressの環境がAWS上に自動生成されます。

3 動作確認

AWSでのインフラ環境構築が完了すると、次のようにステータスが①「CREATE_COMPLETE」と表示されます。環境構築のログの詳細については、②[Events]タブで確認できます。

第 7 章　システム運用

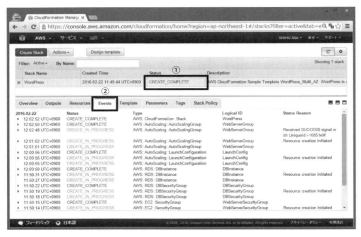

ステータスの確認

構築した環境のソースコードは、[Template] タブで確認できます。構成情報がJSONフォーマットで記述されていることが分かります。

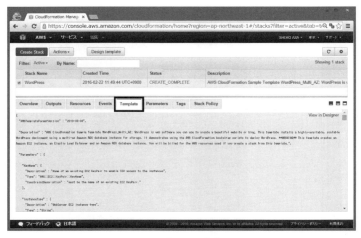

テンプレートの作成

作成したWordPressのURLを確認する時は、① [Outputs] タブをクリックし、② [WebSiteURL] の値を参照します。

スタックの作成

このURLにアクセスすると、WordPressの環境が構築できていることが確認できます。

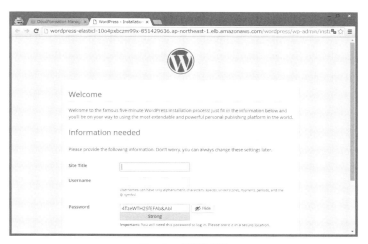

WordPress環境の確認

作成した環境を削除する時は、①削除したいスタックを選択し、②[Delete Stack]をクリックします。確認ダイアログが表示されるので、[Delete]ボタンをクリックすると、環境が自動で削除されます。

スタックの削除

このように、CloudFormationを使うと、AWSのインフラ構成をソースコードで管理できます。

7.4 データのバックアップとリストア

AWSでは、データを管理するさまざまなサービスがあり、サービスによってバックアップやリストアの手順が異なります。ここではEC2とRDSのデータのバックアップとリストアの手順を説明します。

7.4.1 EC2のデータバックアップとリストア

EC2で扱うデータをバックアップ／リストアする方法は、次の2つの方法があります。

- スナップショットによるバックアップ／リストア
- AMIによるバックアップ／リストア

このうち、AMIは、EC2インスタンスを起動するためのOSイメージも含めたすべてのデータをバックアップ／リストアしたい時に利用します。AMIがあれば、同様の構成のインスタンスを複数作成できます。AMIの作成の手順、およびAMIを使ったインスタンスの生成手順については、3.1.4項を参照してください。

ここでは、スナップショットによるバックアップ／リストアの手順を紹介します。

7.4 データのバックアップとリストア

　EC2のデータは、EBSに保存されます。このEBSボリュームを、スナップショットとしてバックアップする方法です。定期的にアプリで利用するデータのみを保存したい時は、こちらを取得します。

1 スナップショットによるバックアップ

　AWSマネージメントコンソールを開き、EC2を起動します。①EC2メニューの［ELASTIC BLOCK STORE］の［ボリューム］を選択し、スナップショットを取得したいEC2インスタンスを選び、②［アクション］メニューの［スナップショットの作成］をクリックします。

スナップショットの作成

　ダイアログが表示されるので、①スナップショットの任意の名前と説明を入力します。ここでは、名前を「snapshot-sample」として、②［作成］ボタンをクリックします。これでスナップショットが取得できました。

スナップショットの名前指定

2 スナップショットからのリストア

EC2インスタンスのEBSを変更する時は、まず、対象のEC2インスタンスを停止します。①EC2メニューの［ELASTIC BLOCK STORE］の［ボリューム］を選択し、スナップショットを取得したいEC2インスタンスを選び、②［アクション］メニューの［ボリュームのデタッチ］をクリックします。

ボリュームのデタッチ

次に、作成したスナップショットから新しいボリュームを作成します。①EC2メニューの［ELASTIC BLOCK STORE］の［スナップショット］を選択し、②ボリュームを作成したいスナップショットを選び、③［アクション］メニューの［ボリュームの作成］をクリックします。

新しいボリュームの作成

これで新しいボリュームが作成できました。

次に、デタッチと同じように、①EC2メニューの[ELASTIC BLOCK STORE]の[ボリューム]を選択し、リストアしたいEC2インスタンスを選び、②[アクション]メニューの[ボリュームのアタッチ]をクリックします。ここで、③アタッチするボリュームのスナップショットIDが先ほど取得したスナップショットのものになっているかを確認します。

ボリュームのアタッチ

ここで、次のダイアログが表示されるので、①リストアしたいEC2インスタンスを選択し、②[アタッチ]ボタンをクリックします。

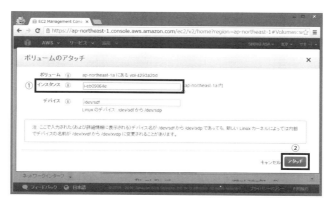

リストア

これで、データのリストアが完了しました。

リストアしたいEBSがルートデバイスでなければ、EC2インスタンスを停止す

る必要はありませんが、データ保全の観点からは、可能な限り、インスタンスを停止した状態でリストアすることをお勧めします。

7.4.2 RDSのデータバックアップとリストア

RDSは業務アプリで重要なデータを格納する場合もあります。RDSのバックアップデータは、DBスナップショットと呼ばれています。ここでは、RDSのDBスナップショットを使ったデータベースのバックアップとリストアの手順を説明します。なお、RDSインスタンスを生成する詳細な手順については、4.3.4項を参照してください。

■1 DBスナップショットによるバックアップ

AWSマネージメントコンソールを開き、RDSを起動します。①RDSメニューの［インスタンス］を選択し、②DBスナップショットを取得したいRDSインスタンスを選び、③［インスタンスの操作］メニューの［スナップショットの取得］をクリックします。

DBスナップショットの取得

次に、①取得するスナップショットの名前を設定します。ここでは、「rds-snapshot」と設定し、②［スナップショットの取得］ボタンをクリックします。

7.4 データのバックアップとリストア

スナップショット名の設定

作成したスナップショットは、RDSメニューの①［スナップショット］を選択すると、一覧が表示されます。②スナップショットを選択すると、詳細を確認できます。

DBスナップショットの確認

2 DBスナップショットからのリストア

DBスナップショットから新しいRDSインスタンスを生成することで、データをリストアできます。

まず、AWSマネージメントコンソールを開き、RDSを起動します。①RDSメニューの［スナップショット］を選択し、②リストアしたいDBスナップショット

第7章 システム運用

を選び、③［インスタンスの操作］メニューの［スナップショットの復元］をクリックします。

DBスナップショットの復元

DBインスタンスの復元画面に遷移するので、新規でRDSインスタンスを生成した時と同じく、新しいインスタンスを設定し、［DBインスタンスの復元］ボタンをクリックします。これで、スナップショットのデータをもとにした新しいRDSインスタンスが生成されます。

DBインスタンスの復元

3 RDSの自動バックアップ

RDSには、手動でスナップショットを取得する以外にも、1日に1回、定期的に

自動でスナップショットを取得する機能があります。

　AWSマネージメントコンソールを開き、RDSを起動します。RDSインスタンスを生成する際、[バックアップ]の設定画面で、**自動バックアップ**を設定できます。

自動バックアップの設定

　①バックアップの保存期間で設定できる値は、0日（バックアップ保持なし）から35日までです。②バックアップウィンドウでは、バックアップを取得する時間を指定できます。開始時間はUTCで指定してください。期間は、バックアップを開始する時間を指定します。たとえば、例のように開始時間が00:00で、期間が0.5時間の場合、00:00から00:30までの間にバックアップ処理が開始されます。

　ただし、自動バックアップで取得したデータは、RDSインスタンスを削除すると同時に削除されてしまうので、注意してください。

7.5　課金管理

　AWSは、利用したサービスや時間／スペックや容量によって課金されます。使用していないサービスや余剰のスペックを割り当てていると、必要以上に費用がかかるので、適切に利用状況を管理する必要があります。

7.5.1　利用料金の確認

　AWSの利用料金を確認するには、AWSマネージメントコンソールでアカウント名を選択し、[請求とコスト管理]をクリックします。

請求とコスト管理

ダッシュボードには、利用料の概要やサービスごとの課金状況がグラフで表示されます。

ダッシュボード

URL　S3の料金一覧
http://aws.amazon.com/jp/s3/pricing/

また、簡易見積もりツールを使うと、費用の概算を計算できます。

URL　簡易見積もりツール
http://calculator.s3.amazonaws.com/index.html?lng=ja_JP

8章

Docker コンテナー実行環境の構築

　大規模な業務システムでは、アプリ開発者とインフラ構築者の役割が組織的に分担されていることがよくあります。開発環境および実行環境のインフラプロビジョニングや、アプリをリリースする時の実行環境へのデプロイなどを別々の担当者で行っているケースもよくあるでしょう。

　このような、開発環境から本番の実行環境へのデプロイで起こりがちなのが、「あっちでは動くけど、こっちでは動かない」という問題です。動かない原因が業務アプリに起因するのかインフラ環境に起因するのか、切り分けが困難なため、プロビジョニングとデプロイは負荷のかかるタスクの一つです。

　そこで、アプリとインフラ環境を1つにまとめ、開発環境→テスト環境→本番実行環境を移行できるプラットフォームとして、Dockerが注目されています。

　本章では、Dockerの基礎知識とAWSでDockerを運用する手順を説明します。

8.1 Dockerとは

Docker（ドッカー）は、仮想化環境でアプリを管理／実行するためのオープンソースのプラットフォームです。

> **URL** Docker公式
> https://www.docker.com/

Dockerはオンプレミス環境だけでなく、AWS（Amazon Web Services）やGCE（Google Compute Engine）などのクラウド環境でも動作します。ここでは、Dockerの概要を説明します。

8.1.1　Dockerとは

開発した業務アプリを本番環境で稼働させるには、次の要素が必要です。

- 業務アプリの実行モジュール（プログラム本体）
- ミドルウェアやライブラリ群
- OS／ネットワークなどのインフラ設定

Dockerは、これらの要素を**コンテナー**にまとめて管理します。

通常の業務アプリ開発では、次のような流れで開発が進みます。ただし、開発環境やテスト環境では正しく動作していても、本番環境にデプロイすると、正常に動かないことがあります。構成や設定が、環境によって異なる可能性があるためです。

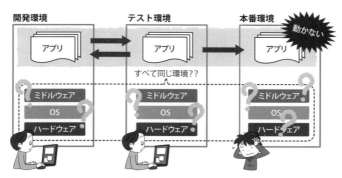

通常のシステム開発の流れ

Dockerを使うと、次のような流れで開発できます。

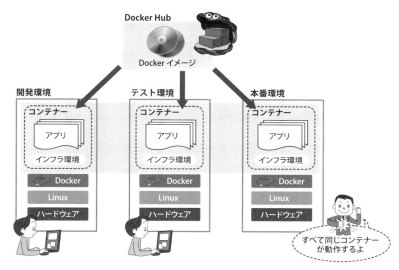

Dockerを使ったシステム開発の流れ

アプリ開発者はDockerを使って、開発したWebアプリの実行に必要なすべてを**コンテナー**にまとめます。このコンテナーは、Dockerをインストールしている環境であればどこでも動作するので、開発/テスト環境では動くのに、本番環境では動かない、をなくすことができます。

> **NOTE ソフトウェアの移植性（ポータビリティ）**
>
> 1度作ってしまえばどこででも動くソフトウェアの特性のことを**移植性（ポータビリティ）**といいます。
> Dockerは、高い移植性を持っているので、クラウドとも親和性が高いのが特徴です。開発した業務アプリを、オンプレミス環境⇔クラウドや、クラウド⇔クラウド間などで、システム要件や予算に応じて、容易に移動できます。

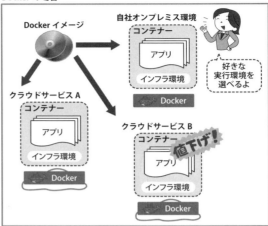

Dockerの移植性

システム開発では、アプリの実行環境に制約が多いと、特定ベンダーに依存したシステムになってしまったり、開発のスピードが遅れたりすることがあります。現に、既存のオンプレミス環境で動作する業務システムの中には、インフラによる足かせで、必要以上に複雑な構成でシステムを運用せざるをえない状況になったり、ビジネスのスピードに追従できない構造になったりしているシステムもあります。

そのため、高い移植性を持つDockerは、業務システム開発の現場で注目されています。

8.1.2　仮想化技術とは

AWSやDockerのしくみ全体を理解するうえでの基礎知識として知っておきたい技術が**仮想化技術**です。仮想化技術にはいくつかの種類があり、ここでは代表的なものを説明します。

■ ホスト型仮想化

ハードウェアの上にベースとなるホストOSをインストールし、ホストOSに仮想化ソフトをインストールします。ホスト型仮想化とは、その仮想化ソフトの上でゲストOSを動作させる仮想化です。

仮想化ソフトには、Oracle社のVirtualBoxやVMware社のVMware Playerなどがあります。仮想化ソフトをインストールすることで、手軽に仮想環境が構築できるため、開発環境の構築などによく使われています。

しかし、ホストOSの上でゲストOSを動かすので、オーバーヘッドが大きくなります。オーバーヘッドとは、仮想化を行うために必要になる、無駄なCPU／ディスク容量／メモリ使用量などのことです。

ホスト型仮想化

■ ハイパーバイザー型仮想化

ハードウェア上に仮想化を専門に行うソフトであるハイパーバイザーを配置し、ハードウェアと仮想環境を制御します。代表的なハイパーバイザー型には、Microsoft社のHyper-VやCitrix社のXenServerなどがあります。AWSのEC2も、Xenをベースに構築されています。

ホストOSがなくハードウェアを直接制御するため、リソースを効率よく使用できます。ただし、仮想環境ごとに別のOSが動作するので、仮想環境の起動にかかるオーバーヘッドは大きくなります。ハイパーバイザー型はファームウェアとして実装されているものが多く、製品や技術によってさまざまな方式があります。

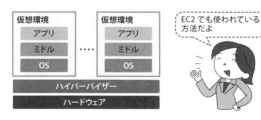

ハイパーバイザー型仮想化

■ コンテナー型仮想化

ホスト型仮想化、ハイパーバイザー型仮想化のようにOSやハイパーバイザーの上で、さらにOSを複数動かすと、それだけでどうしても多くのリソースを必要とします。そこで、ホストOS上に論理的な区画（コンテナー）を作り、アプリを動作させるのに必要なライブラリやアプリなどをコンテナー内に閉じ込め、あたかも個別のサーバーのように使うことができるようにしたものが、コンテナー型仮想化です。

OSのリソースを論理的に分割し、複数のコンテナーで共有して使います。コンテナー型仮想化はオーバーヘッドが少ないため、軽量で高速に動作するのが特徴です。

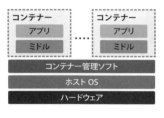

コンテナー型仮想化

コンテナー仮想化技術の歴史は古く、FreeBSDというオープンソースUNIXでのFreeBSD Jailsや、Sun Microsystems社（現Oracle社）の商用UNIXであるSolarisのSolaris Containersなどがあります。

> **NOTE ソフトウェアの相互接続性（インターオペラビリティ）**
>
> Dockerは、GoogleやAmazonなどのクラウドベンダーはじめ、Red Hat社／Microsoft社／IBMなどの多くの業務システム開発を支えてきた大手ベンダーや、広く利用されているオープンソースなどがサポートしています。
>
> さまざまな組織やシステムと連携して使うことができるソフトウェアの特性のことを、**相互接続性（インターオペラビリティ）**といいます。
>
> たとえば、商用LinuxであるRed Hat Enterprise Linux7は、Dockerを標準搭載していますし、AWSではAmazon EC2 Container ServiceでDockerをサポートしています。
>
> また、Dockerはオープンソースの継続的インテグレーションツールであるJenkinsと連携してテストを自動化することもできます。さらに、コンテナーの統合管理のためのKubernetes（クーベルネイティス）というフレームワークを、オープ

ンソースとしてGoogleが公開しました。KubernetesのプロジェクトにはDocker社だけでなく、Microsoft社やRed Hat社やIBMなどが参加する予定です。

　業務システムの中には、大規模でミッションクリティカルなものも多くあります。大規模システムのインフラ構築／運用の最大の難しさは、なんといっても複数システム間の連携です。複雑に入り組んだシステムを安定稼働させるためには、高い技術力だけでなく、多くの労力も伴います。

　Dockerは、本番環境での運用という面では、まだまだ検討すべきところも多くあります。しかしながら、高い相互接続性を持つDockerは、今後ベンダーなどのサポートによって業務システムへの導入のハードルを下げていくと思われます。

8.1.3　Dockerの機能

Dockerには大きく分けて、次の3つの機能があります。

■ Dockerイメージの作成

　Dockerでは、アプリの実行に必要になるプログラム本体／ライブラリ／ミドルウェアや、OSやネットワークの設定などを1つにまとめて**Dockerイメージ**を作ります。イメージは、Dockerのコマンドを使って作ることもできますし、Dockerfileというコードから自動で作ることもできます。

　できあがったDockerイメージは、実行環境で動くコンテナーのもとになります。Dockerイメージの正体は、アプリの実行に必要なファイル群が格納されたフォルダーです。Dockerコマンドを使うとイメージをtarファイルに出力できます。

Dockerイメージの作成

■ Dockerコンテナーの実行

　Dockerは、Linux上で、コンテナー単位でサーバー機能を動かします。このコンテナーのもとになるのが、Dockerイメージです。Dockerイメージさえあれば、Linux上にDockerがインストールされた環境であれば、どこでもコンテナーを動かすことができます。

　また、1つのDockerイメージから複数のコンテナーを起動することもできます。コンテナーの起動／停止／破棄には、Dockerコマンドを使います。

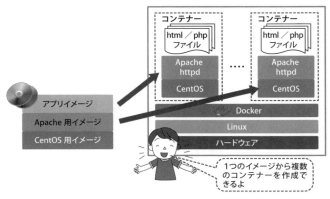

コンテナーの実行

■ Dockerイメージの共有

　Dockerイメージは、Dockerレジストリで一元管理できます。たとえば、公式のDockerレジストリであるDocker Hubでは、UbuntuやCentOSなどのLinuxディストリビューションの基本機能を提供するベースイメージが配布されています。これらのベースイメージにミドルウェアやライブラリ／デプロイするアプリなどを入れたイメージを積み重ねることで、独自のDockerイメージを作っていきます。

　また、公式のイメージ以外にも、個人が作成したイメージをDocker Hubで公開／共有できます。すでにたくさんのDockerイメージが公開されているので、要件に合うものがあれば、それをダウンロードして使うことができます。

　URL　Docker Hub公式
　　https://hub.docker.com/

8.2 Dockerのインストール

それでは、開発用のクライアントPCにDockerをインストールし、アプリ実行環境のDockerイメージを作成しましょう。

8.2.1 Dockerの提供するコンポーネント

Dockerは、コア機能を提供する**Docker Engine**を中心に、イメージを作成／公開したり、コンテナーを実行したりするために、さまざまなコンポーネントを提供しています。

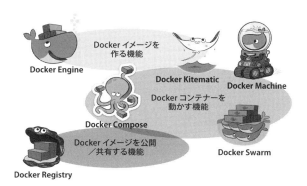

Dockerのコンポーネント

現在公開／配布されている主なコンポーネントは、次のとおりです。

- **Docker Engine**

    Dockerのコア機能です。Dockerコマンドの実行や、Dockerfileによるイメージ生成を行います。

- **Docker Kitematic**

    Dockerイメージの生成やコンテナーの起動などを行うためのDockerのツールです。グラフィカルなUIを使ってコンテナーの管理などを行えます。

- **Docker Registry**

    コンテナーのもとになるDockerイメージを公開／共有するためのレジストリ機能です。Docker公式のレジストリサービスである**Docker Hub**も、このDocker Registryを使っています。

- **Docker Compose**

  複数のコンテナーを管理するためのツールです。複数コンテナーの構成情報をコードで定義して、コマンドを実行することで、アプリの実行環境を構成するコンテナー群を一元管理します。

- **Docker Machine（Docker実行環境構築）**

  Dockerの実行環境を、コマンドで自動生成するためのツールです。ローカルホスト用のVirtualBoxをはじめ、Amazon Web Services EC2やDigitalOcean／SoftLayerなどのクラウド環境などに対応しています。

- **Docker Swarm（クラスタ管理）**

  複数のDockerホストをクラスタ化するためのツールです。Docker Swarmでは、クラスタの管理やAPIの提供を行う役割をManagerが、Dockerコンテナーを実行する役割をNodeが担います。

Dockerでアプリの実行環境を動作させるには、これらのコンポーネントを必要に応じて組み合わせます。

また、Dockerを開発環境のクライアントOSで使うために、必要なツールがまとまった**Docker Toolbox**も提供されています。Docker ToolboxはMac OS XまたはWindowsで動作し、インストールすると、次のツールがまとめてセットアップされます。

- Docker Client
- Docker Machine
- Docker Compose
- Docker Kitematic
- VirtualBox

Docker Toolbox

> **Docker for Windows ／ Mac**
>
> 現在、Mac OS XやWindowsでDockerを利用する時は、VirtualBoxが必要ですが、VirtualBoxがなくても動作する**Docker for Windows**、および、**Docker for Mac**が、今後リリースされる予定です。Docker for Windowsでは、DockerエンジンがWindows上のHyper-V仮想マシン内で動くようになるため、Dockerの動作がより速くなると思われます。

8.2.2　Windowsクライアントへのインストール

Dockerは、もともとLinux上でコンテナー仮想環境を構築するツールです。これをWindows環境で実行するには、まずWindows上に仮想環境を構築し、そこでLinuxサーバーを動作する必要があります。

Docker Toolboxをインストールすれば、VirtualBoxによる仮想環境のLinuxディストリビューションを利用して、Windows上でDockerを稼働できる環境を構築できます。

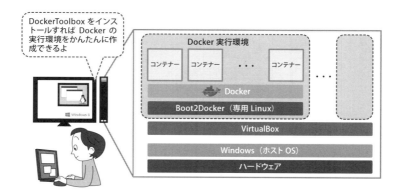

Docker Toolboxの概要

Windows版のDocker ToolboxはWindows 7以降のバージョンで動作します。

また、インストールには、BIOSでCPUの仮想化支援機能を有効にしておく必要があります。設定が有効でない場合は、お使いのパソコンのマニュアルを参照して、仮想化支援機能を有効にしてください。

Docker Toolboxを、以下のサイトからダウンロードします。執筆時の最新版は

1.10 です。

> **URL** Docker Toolbox ダウンロードサイト
> https://www.docker.com/toolbox

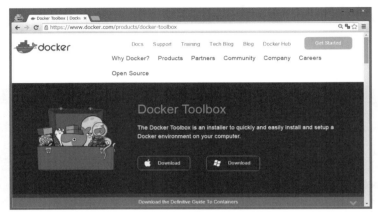

Docker Toolbox のダウンロード

インストール用の実行モジュール（DockerToolbox-1.10.3.exe）をダウンロードして実行します。

セットアップウィザードの起動

インストーラーを実行すると、セットアップウィザードが起動するので、[Next] ボタンをクリックします。

インストールするコンポーネントを選択する画面が表示されるので、必要なコンポーネントにチェックを入れます。すでに仮想化ツールである VirtualBox や msysGit をインストールしている場合は、チェックを外してください。コンポーネントをすべてインストールするのに必要になるディスク容量が表示されます。

8.2 Docker のインストール

インストールコンポーネントの選択

以下の設定を行うため、次のようにチェックボックスにチェックを入れます。

- デスクトップにアイコンを作成するかどうか (Create a desktop shortcut)
- Dockerの実行ファイルにパスを設定する (Add docker binaries to PATH)
- Boot2DockerのVMをアップグレードする (Upgrade Boot2Docker VM)

インストール後の設定

インストールの設定を完了すると、以下のように、最終確認ダイアログが表示されるので、内容を確認して [Install] ボタンをクリックしてください。

インストールの最終確認

インストールが完了したら、デスクトップに「Kitematic (Alpha)」と「Docker

355

Quickstart Terminal」と「Oracle VM VirtualBox」の3つのアイコンが作成されます。まず、「Docker Quickstart Terminal」アイコンをクリックしてください。

Docker Quickstart Terminalアイコン

Docker Toolboxが、Dockerを動作させるための仮想環境を作成します。しばらく時間がかかりますが、処理が完了すると、次のようなコンソール画面が表示されます。

リスト dockerの実行

ログには、作成された仮想環境に割り当てられたマシン名（例ではdefault）とIPアドレス（例では192.168.99.100）が表示されます。

これで、インストールは完了です。

Mac OS XへのDocker Toolboxのインストールについては、以下の公式サイトを参照してください。

URL Installation on Mac OS X
https://docs.docker.com/installation/mac/

8.2.3　Dockerで"Hello world"

インストールしたDockerが正しく動作するかを確認するため、Dockerコンテナーを作成し、コンソール上に"Hello world"をecho表示します。Dockerコンテナーを作成／実行する時は、docker runコマンドを使用します。

このコマンドの構文は次のとおりです。

8.2 Dockerのインストール

構文 docker runコマンド

Ubuntuのイメージをもとに、Dockerコンテナーを作成／実行し、作成したコンテナー内で"Hello world"を表示したい時は、次のコマンドになります。

リスト Hello Worldの実行

```
$ docker run ubuntu:latest /bin/echo 'Hello world'
```

Enterキーを押すと、次の結果が表示されます。

リスト Hello worldの実行結果

```
$ docker run ubuntu:latest /bin/echo 'Hello world'
Unable to find image 'ubuntu:latest' locally
latest: Pulling from library/ubuntu
d3a1f33e8a5a: Pull complete
c22013c84729: Pull complete
d74508fb6632: Pull complete
91e54dfb1179: Already exists
library/ubuntu:latest: The image you are pulling has been verified. Important: i
mage verification is a tech preview feature and should not be relied on to provi
de security.
Digest: sha256:fde8a8814702c18bb1f39b3bd91a2f82a8e428b1b4e39d1963c5d14418da8fba
Status: Downloaded newer image for ubuntu:latest
Hello world
```

コマンドを実行すると、DockerコンテナーのもとになるubuntuのDockerイメージがローカル環境にあるかを確認します。もしローカル環境になければ、Docker HubからDockerイメージをダウンロードします。ubuntu:latestは「ubuntuの最新版イメージ（latest）を取得する」という意味です。

ダウンロードが完了すると、コンテナーが起動し、Linuxのechoコマンドが実行されます。

初回はDockerイメージのダウンロードに時間を要しましたが、2回目以降では、ローカル環境にダウンロードされたDockerイメージをもとにDockerコンテナーを起動します。確認のため、再度、"Hello world"を表示するためのコマンドを実行してください。高速でコンテナーが起動するのが分かります。

第 8 章 Docker コンテナー実行環境の構築

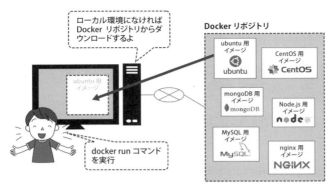

Docker イメージがローカル環境にない時の動作

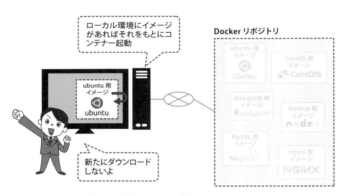

Docker イメージがローカルにある時の動作

ローカルにダウンロードされた Docker イメージのことを、**ローカルキャッシュ**と呼びます。

8.3 Docker イメージの作成

Docker には、インフラ構成をコードで記述する機能が備わっています。インフラ構成を記述したファイルのことを **Dockerfile** と呼びます。ここでは、Dockerfile を使った Docker イメージの作成手順を説明します。

8.3.1 Dockerfile とは

アプリの実行環境を作成するには、OS の設定や、ミドルウェアのインストー

ル／パラメーター設定などを行います。Dockerfileはこれら実行環境の構成情報を記述するためのファイルです。Dockerは、docker buildコマンドを使って、Dockerfileに記述された構成情報をもとにDockerイメージを作成します。

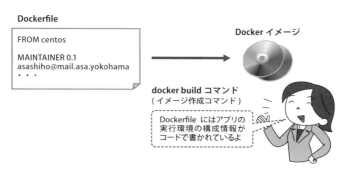

Dockerfile と Docker イメージの関係

DockerfileさえあれるDockerEngineが動作している環境であれば、どこでもDockerイメージを生成できます。

Dockerfileはテキスト形式のファイルです。拡張子は必要なく、「Dockerfile」という名前のファイルに、インフラの構成情報をコーディングします。

Dockerfileの基本構文は次のとおりです。

構文 Dockerfile

```
命令 引数
```

命令は大文字でも小文字でもかまいませんが、慣例的には、大文字で統一します。

Dockerfileの主な命令は、次のとおりです。

Dockerfileの命令

命令	説明
FROM	ベースイメージの指定
MAINTAINER	Dockerfileの作成者情報
RUN	コマンド実行
CMD	コンテナーの実行コマンド
LABEL	ラベルを設定
EXPOSE	ポートのエクスポート

命令	説明
ENV	環境変数
ADD	ファイル／フォルダーの追加
COPY	ファイルのコピー
VOLUME	ボリュームのマウント
ENTRYPOINT	コンテナーの実行コマンド
USER	ユーザーの指定
WORKDIR	作業フォルダーの設定
ONBUILD	ビルド完了後に実行される命令

Dockerfileにコメントを書く場合は、次のように行の先頭に#を記述します。

構文 Dockerfileのコメント

```
# ここはコメントです
命令 引数
```

コメントは行の途中に書いてもかまいません。次のようなコメントの書き方も可能です。

```
# ここはコメントです
命令 引数 #ここもコメントです
```

8.3.2 Dockerfileの作成

ここでは、Java Platform Enterprise Edition（**Java EE**）のアプリの実行環境を作成するためのDockerfileを作成します。

Java EEとは、大規模システム向けに、Java Servlet／JavaServer Pages（JSP）／JavaServer Faces（JSF）／Enterprise JavaBeans（EJB）／Java Transaction API（JTA）／Java Message Service（JMS）／JavaMailなどの機能を提供するフレームワークです。

ここでは、Java EEのアプリを実行するため、WebアプリケーションサーバーであるGlassFishをインストールします。GlassFishはJava EEの参照実装で、Oracleを中心としたオープンソースコミュニティで開発が進められています。

URL GlassFish公式
```
https://glassfish.java.net/
```

> **参照実装とは**
>
> 参照実装とは、技術仕様をもとにして、実装されたコードのことです。文書化された技術仕様を理解するには、実際に実装された例（コード）があった方がわかりやすいため、開発者が仕様を理解する目的で使われています。リファレンス実装、リファレンスインプリメンテーションと呼ばれることもあります。

まず、sampleという名前の作業フォルダーを作成し、Dockerfileを次のコマンドで作成します。

リスト Dockerfileの作成
```
$ mkdir sample && cd $_
$ touch Dockerfile

$ ls
Dockerfile
```

Dockerfileは、テキストファイルとして記述します。以降でDockerfileに記述する内容を説明します。

1 ベースイメージの指定

Dockerfileでは、DockerコンテナーをどのDockerイメージから生成するかの情報が必要です。このもとになるイメージを**ベースイメージ**と呼び、FROM命令で指定します。ここでは、GlassFishをベースイメージにするため、次のように指定します。glassfish:4.1-jdk8は、GlassFish 4.1でJDK 8を使うためのベースイメージになります。

リスト FROM命令
```
# ベースイメージの設定
FROM glassfish:4.1-jdk8
```

2 作成者情報

Dockerfileの作成者を記述する時は、MAINTAINER命令を使います。MAINTAINER命令の構文は次のとおりです。ここでは、Dockerfileを作成した人のメールアドレスを記述します。

> リスト　MAINTAINER命令

```
# 作成者情報
MAINTAINER asashiho@mail.asa.yokohama
```

MAINTAINER命令は必須ではありませんが、Docker Hubなどでイメージを公開することを考えると、指定しておく方がよいでしょう。

3 環境変数の設定

Dockerfileでは、環境変数を設定できます。環境変数はENV命令を使います。ここでは、GlassFishをGUIから操作できる管理コンソール用のパスワードを設定するために必要な環境変数を、次のように設定します。

> リスト　ENV命令

```
# 環境変数の設定
ENV GLASSFISH_HOME /usr/local/glassfish4
ENV PASSWORD glasspass
ENV TMPFILE /tmp/passfile
```

4 コマンド実行

FROM命令で指定したベースイメージに対して、「アプリ／ミドルウェアをインストール／設定する」「環境構築のためコマンドを実行する」など、なんらかのコマンドを実行する時には、RUN命令を使います。

RUN命令で指定したコマンドは、Dockerイメージを生成する時に実行されます。

ここでは、Web管理コンソールの管理者のパスワードを設定するため、次のようにRUN命令を記述します。

> リスト　RUN命令

```
# 管理者パスワードとセキュリティの設定
RUN echo "AS_ADMIN_PASSWORD=" > $TMPFILE && \
    echo "AS_ADMIN_NEWPASSWORD=${PASSWORD}" >> $TMPFILE  && \
    asadmin --user=admin --passwordfile=$TMPFILE change-admin-password --domain_name domain1 && \
    asadmin start-domain && \
    echo "AS_ADMIN_PASSWORD=${PASSWORD}" > $TMPFILE && \
    asadmin --user=admin --passwordfile=$TMPFILE enable-secure-admin && \
    asadmin --user=admin stop-domain && \
    rm $TMPFILE
```

5 Webアプリのデプロイ

イメージにホスト上のファイルやフォルダーを追加する時は、ADD命令を使います。ここでは、GlassFish上で動かすアプリのwarファイルを、コンテナー内にデプロイするため、次のADD命令を記述します。

リスト ADD命令

```
# warコンテンツの配置
ADD DockerSample.war $GLASSFISH_HOME/glassfish/domains/domain1/autodeploy
```

6 ポートの開放

コンテナーの公開するポート番号を指定する時は、EXPOSE命令を使います。ここでは、GlassFishが使用する4848番ポートと8080番ポートを開放します。

リスト EXPOSE命令

```
# ポートの解放
EXPOSE 4848 8080
```

7 GlassFishの起動

これで、環境構築は完了したので、最後にGlassFishのデーモンをCMD命令で起動します。GlassFishは、asadminコマンドのstart-domainサブコマンドを実行することで起動します。

リスト CMD命令

```
# GlassFishの実行
CMD ["asadmin", "start-domain", "-v"]
```

サンプルファイルは、ダウンロードサンプルから/aws-docker-sampleフォルダー配下のものを利用してください。

```
aws-docker-sample
├─Dockerfile
└─DockerSample.war
```

サンプルファイルの構造

この2つのファイルを、作成したsampleという名前の作業用フォルダーに格納します。作業用フォルダーのパスは、pwdコマンドで確認できます。

リスト pwdコマンド
```
$ pwd
/c/Users/asa/sample
```

これで、Dockerイメージの作成準備が終わりました。

8.3.3　DockerfileからのDockerイメージの作成

Dockerfileからイメージを作成するには、docker buildコマンドを使います。docker buildの書式は次のとおりです。

構文 docker buildコマンド
```
docker build -t [生成するイメージ名]:[タグ名] [Dockerfileの場所]
```

DockerイメージをDocker Hubで公開する時は、ユーザー名を付ける必要があります。たとえば、作成したDockerfileから、asashihoというDocker Hubユーザー名で、docker-glassfishというイメージを作成する時は、次のコマンドを実行します。なお、タグ名に1.0というバージョンを付けておきます。

リスト docker buildコマンドの実行例
```
$ docker build -t asashiho/docker-glassfish:1.0 .
Sending build context to Docker daemon 1.267 MB
Step 1 : FROM glassfish:4.1-jdk8
～中略～
Step 7 : ADD DockerSample.war $GLASSFISH_HOME/glassfish/domains/domain1/autodepl
oy
 ---> 2fb1ca623f3a
Removing intermediate container ef6dd936689b
Step 8 : EXPOSE 4848 8080
 ---> Running in 1cb9d9405777
 ---> 7b366328bd5e
Removing intermediate container 1cb9d9405777
Step 9 : CMD asadmin start-domain
 ---> Running in 85458adbe33d
 ---> d0c23e325683
Removing intermediate container 85458adbe33d
Successfully built d0c23e325683
```

Dockerイメージが作成できているかどうかは、docker imagesコマンドで確認します。次のコマンドを実行すると、作成したdocker-glassfishという名前のイメージが作成できていることが確認できます。

docker imagesコマンドでの確認

```
$ docker images
REPOSITORY                  TAG        IMAGEID        CREATED          SIZE
asashiho/docker-glassfish   1.0        d0c23e325683   10 minutes ago   856.1 MB
glassfish                   4.1-jdk8   1c894ac462aa   5 days ago       774.7 MB
```

8.4 Dockerイメージの公開

これで、Dockerコンテナーを動かすもとになるDockerイメージが作成できましたので、AWSで利用できるようにリポジトリに公開します。ここでは、DockerイメージをDocker Hubに公開する手順を説明します。

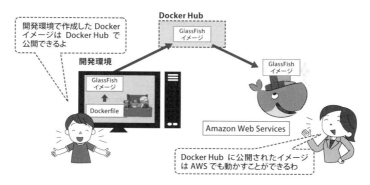

Dockerイメージ共有の概要

8.4.1 Docker Hubのアカウント登録

Docker Hubは、Docker公式のリポジトリサービスで、以下のような機能を備えています。

- GitHubやBitbucketなどのソースコード管理ツールと連携してDockerfileを自動ビルド
- PaaSサービスであるAWS Elastic BeanstalkやGoogle Compute Engineなどと連携してアプリをデプロイ
- 実行可能なアプリのDockerイメージを管理

Docker Hubを経由することで、物理サーバー／仮想サーバー／クラウドいずれにも、アプリ実行環境を配布できます。

`URL` Docker Hub公式サイト
　https://hub.docker.com/

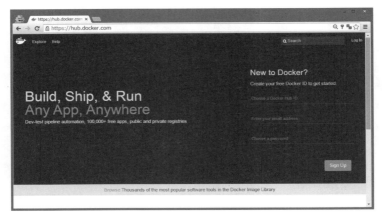

Docker Hub

　Docker Hubでアプリを公開するには、あらかじめアカウントを登録しておく必要があります。アカウント登録に必要な情報は、ユーザー名／メールアドレス／パスワードの3つです。登録手続きを済ませると、指定したメールアドレスにアドレス認証メールが届きます。届いたメールの本文にあるリンクをクリックすることで登録が完了します。
　以下のURLにアクセスし、作成したアカウントを使って、Docker Hubにログインしてください。

`URL` Docker Hubのログインページ
　https://hub.docker.com/login/

Docker Hubへのログイン

Docker Hubでは、Dockerイメージを公開するためのリポジトリを作成できます。

8.4.2　Docker Hubへの公開

それでは、開発環境で作成したGlassFishを動かすためのDockerイメージをDocker Hubに公開してみましょう。コマンドラインからDocker Hubにログインして、ファイルをアップロードします。

まず、docker loginコマンドでDocker Hubにログインします。

リスト docker loginコマンド

```
$ docker login
Username: xxxxx <=Docker Hub登録のユーザー名
Password: xxxxx <=Docker Hub登録のパスワード
Email: xxxxx@examle.com <=Docker Hub登録のEメールアドレス
Login Succeeded
```

次に、開発環境で作成したDockerイメージをアップロードします。たとえば、asashiho/docker-glassfish:1.0というイメージをアップロードする時は、次のdocker pushコマンドを実行します。

リスト docker pushコマンド

```
$ docker push asashiho/docker-glassfish:1.0
The push refers to a repository [docker.io/asashiho/docker-glassfish]
fbd48f4eb5c9: Pushed
～中略～
1.0: digest: sha256:e45a7c40d4f21ec8460b0e068fc5267d7da62075616e720c49fad8897c88
84df size: 17755
```

アップロードにはしばらく時間がかかります。アップロードが完了したら、Docker Hubに新しいリポジトリが追加されているかを、ブラウザーから確認してください。

> **NOTE　DockerでJavaを実行する時の注意**
>
> Dockerコンテナ上でのJavaの実行については、現在ライセンスに対するさまざまな解釈があるようです。もし、Dockerを使ってJava EEのアプリを本番環境で動かす時は、あらかじめJavaのライセンスを確認してください。

Docker Hubのリポジトリ確認

これで、Dockerイメージの準備が完了です。

8.5 AWSでのDockerコンテナー実行

AWSでDockerコンテナーを実行するには、2016年4月時点で、大きく次の3つの方法があります。どの方法を使うかは、システム要件に応じて検討します。

AWSのDockerサポート

8.5.1 EC2を使う方法

EC2でLinuxサーバーが動作するインスタンスを立ち上げ、そこにDockerをインストールしてコンテナーを動作させることができます。コンテナー群はDocker MachineやDocker Swarmなどを組み合わせることで統合管理できます

し、Kubernetesなどを使えば、自前でシステム要件に応じた環境を自由に構築できます。

固有のシステム要件があり、Dockerの実行環境を詳細にカスタマイズしたい時は、EC2を使って自前でインフラ環境を構築するのが向いています。そのかわり、Dockerの知識に加えて、オートスケール／負荷分散／冗長化／監視／障害対応などのインフラ構築、および、運用に関する全般の知識が必要になります。あわせて、これらの機能を提供するAWSのサービスや、各種ミドルウェアの学習も必要です。

8.5.2　ECSを使う方法

Dockerクラスタ管理マネージドサービスである**EC2 Container Service（ECS）**を使って、Docker環境を構築できます。マネージドサービスであるため、クラスタリングや監視などのインフラ構築の手間を省けます。

ECSを使うと、GUIの操作だけでコンテナーの実行環境がすばやくできあがります。かんたんにクラスタリング環境を構築できるため、それほど複雑なインフラ要件がない場合は、最も手軽に導入できます。

ただし、クラスタ構成などはAWSが提供するサービスに依存するため、ダウンタイムを最少に抑えたいなど個別の要件がある場合は、別途検討が必要になります。

8.5.3　Elastic Beanstalkを使う方法

PaaSサービスであるElastic Beanstalkを使って、Dockerの実行環境を構築できます。EC2を使って単一のコンテナーで実行することもできますし、ECSを使って複数のコンテナーを管理することもできます。インフラの構築や運用だけでなく、アプリの開発までサポートしているのが特徴です。

Elastic Beanstalkを使えば、アプリの開発環境から本番環境での運用に至るすべてをサポートするため、新規アプリを短期間でリリースする場合などに向いています。ただし、開発の仕方によってはAWS固有の設定ファイルやライブラリなども必要になるため、AWSに依存したシステムになる場合もあります。

AWSは、非常に速いスピードでサービスの拡充が進んでいます。今後も、Dockerのサポートサービスやユースケースに関する情報などが拡充されること

が予想されます。公式サイトなどから、最新の情報を収集することで、よりよいDockerの実行環境の構築ができるでしょう。

本書では、EC2を使ってDockerを動かす手順と、ECSを使ってDockerクラスタを構築する手順をそれぞれ説明します。

8.6 EC2でのDocker実行環境の構築

まず、EC2を利用して、1つのEC2インスタンス上で、Dockerコンテナーを実行する手順を説明します。

8.6.1 EC2へのDockerインストール

AWSマネージメントコンソールから、EC2インスタンスを起動します。インスタンスのもとになるAmazonマシンイメージ（AMI）は「Amazon Linux AMI 2016.03.0 (HVM), SSD Volume Type - ami-f80e0596」とします。

また、［セキュリティグループの設定］では、①新しいセキュリティグループを作成し、②SSH接続用の22番ポートに加えて、4848番ポートと8080番ポートも開放しておきます。③設定ができたら、［確認と作成］ボタンをクリックし、インスタンスを生成します。

AWSのセキュリティグループ設定

EC2インスタンス生成手順の詳細については、3.3.3項を参照してください。
EC2が起動したら、TeraTermでEC2インスタンスにリモートログインします。

8.6 EC2でのDocker実行環境の構築

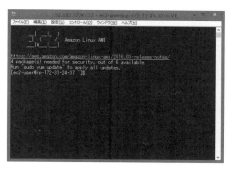

EC2へのリモートログイン

次のコマンドを実行し、yumをアップデートした後、EC2にDockerをインストールします。

リスト Dockerのインストール

```
$ sudo yum update -y
$ sudo yum install -y docker
```

インストールが完了したら、次のコマンドでDockerを起動します。

リスト Dockerの起動

```
$ sudo service docker start
Starting cgconfig service:    [  OK  ]
Starting docker:              [  OK  ]
```

> **NOTE　コマンドでDockerの実行環境を構築するには**
>
> 複数の環境にDockerの実行環境を1台1台手作業で構築するのは面倒です。そこで、DockerではDocker Machineという実行環境を作成できるコマンドラインツールを提供しています。Docker Machineを使えば、オンプレミスサーバー/仮想環境/クラウドサービスなどにDocker実行環境を自動生成できます。
> Dockerコマンドとよく似た操作で環境の構築ができるため、学習コストが低いのが特徴です。

8.6.2 Dockerコンテナーの実行

EC2上に作成したDocker実行環境で、Docker Hubで共有したGlassFishの実行環境を構築します。

1 Dockerイメージのダウンロード

まず、DockerイメージをDocker Hubからダウンロードします。ダウンロードには、docker pullコマンドを使います。たとえば、asashiho/docker-glassfish:1.0をダウンロードするには、次のコマンドを実行します。

リスト Dockerイメージのダウンロード

```
$ sudo docker pull asashiho/docker-glassfish:1.0
1.0: Pulling from asashiho/docker-glassfish
60f618e4610b: Pulling fs layer
84a94891c2fa: Pulling fs layer
〜中略〜
4d271949904f: Pull complete
Digest: sha256:e45a7c40d4f21ec8460b0e068fc5267d7da62075616e720c49fad8897c8884df
Status: Downloaded newer image for asashiho/docker-glassfish:1.0
```

EC2インスタンス上に、Dockerイメージがダウンロードされたかどうかを確認するには、次のdocker imagesコマンドを実行します。

リスト Dockerイメージの確認

```
$ sudo docker images
REPOSITORY                  TAG    IMAGE ID        CREATED        VIRTUAL SIZE
asashiho/docker-glassfish   1.0    4d271949904f    2 hours ago    856 MB
```

これで、Dockerイメージの準備は完了しました。

2 Dockerコンテナーの起動

Dockerイメージをもとに、Dockerコンテナーを起動します。Dockerコンテナーの起動は、docker runコマンドを使用します。docker runコマンドの書式は、次のとおりです。

構文 docker runコマンド

```
$ docker run [オプション] --name [コンテナー名] [イメージ名:タグ名]
```

docker runコマンドで利用できる、主なオプションは次のとおりです。

docker run コマンドの主なオプション

オプション	説明
-d	バックグラウンドで実行
-i	コンテナーの標準入力
-p [ホストのポート番号]:[コンテナーのポート番号]	ホストとコンテナーのポートマッピング
-v [ホストのディレクトリ]:[コンテナーのディレクトリ]	ホストとコンテナーのディレクトリを共有

たとえば、「glassfish-container」という名前のコンテナーを「asashiho/docker-glassfish:1.0」という名前のDockerイメージをもとにバックグラウンド起動し、ホストであるEC2インスタンスとコンテナーの8080番ポートと4848番ポートをマッピングさせる場合は、次のようにします。

リスト Dockerコンテナーの起動

```
$ sudo docker run -d --name glassfish-container -p 8080:8080 -p 4848:4848 asashiho/docker-↵
glassfish:1.0
d275b4ed3b5b0e279cb899be64c508198497331bd1fb7e7e81e9e1c213a1d04d
```

これで、Docker上でGlassFishの実行環境を構築できました。動作確認のため、次のURLにアクセスします。サンプルアプリが動作していることが確認できます。

```
http://<EC2のパブリックDNSまたはパブリックIP>:8080/DockerSample/
```

▼

サンプルアプリの動作

8.6.3　Dockerコンテナーの基本操作

DockerイメージおよびDockerコンテナーは、dockerコマンドで操作できます。ここでは、基本的なコマンド操作を説明します。

■ Dockerコンテナーの確認

Docker上で動作するコンテナーを確認する時は、docker psコマンドを使います。

リスト Dockerコンテナーの確認

```
$ sudo docker ps
CONTAINER ID   IMAGE                          COMMAND                CREATED        STATUS   PORTS   NAMES
a5fe050c3ac6   asashiho/docker-glassfish:1.0  "asadmin start-domain" 2 minutes ago
Up 2 minutes   0.0.0.0:4848->4848/tcp, 0.0.0.0:8080->8080/tcp, 8181/tcp
glassfish-container
```

Dockerコンテナーには、コンテナーごとにCONTAINER IDが割り当てられます。実行例をみると、glassfish-containerというコンテナー（CONTAINER ID: a5fe050c3ac6）が起動していることが分かります。なお、docker psコマンドに-aオプションを付けると、停止しているコンテナーもすべて表示できます。

■ コンテナーの起動／停止／再起動／削除

Dockerコンテナーの起動／停止／再起動／削除には、次のコマンドを使います。コマンドの引数にコンテナーのCONTAINER IDを指定します。なお、CONTAINER IDはコンテナーを一意に指定できればよいので、すべての桁を指定しなくても、先頭の3桁程度でかまいません。

たとえば、CONTAINER IDが123456789abcのコンテナーを操作する時は次のようにします。

リスト コンテナーの起動／停止／再起動／削除

```
$ docker start 123456789abc    … 起動
$ docker stop 123456789abc     … 停止
$ docker restart 123456789abc  … 再起動
$ docker rm 123456789abc       … 削除
```

Dockerには、これら以外にもたくさんのコマンドが用意されています。主なコマンドは次のとおりです。

主なDockerコマンド

コマンド	説明
attach	起動中のコンテナーに接続
build	Dockerfileファイルからイメージを作成
commit	コンテナーの状態を確定しイメージを作成
cp	コンテナー内のファイルをホストにコピー
create	コンテナーの生成

コマンド	説明
diff	コンテナーが実行されてから変更されたファイル差分を確認
exec	指定したコンテナーの中で任意のコマンドを実行
images	イメージの状態表示
load	tarアーカイブ形式のファイルをイメージとしてロード
login	Docker Hubにログイン
logout	Docker Hubからログアウト
logs	コンテナーの標準出力
ps	コンテナーの状態を確認
pull	イメージのダウンロード
push	イメージのアップロード
restart	コンテナーの再起動
rm	コンテナーの削除
rmi	イメージの削除
run	コンテナーの実行
save	イメージをtarアーカイブ形式のファイルに出力
search	イメージの検索
start	コンテナーの開始
stop	コンテナーの停止
top	コンテナーのプロセス確認
version	バージョン確認

コマンドの詳細については、以下の公式サイトを参照してください。

URL Dockerコマンド
https://docs.docker.com/engine/reference/commandline/cli/

8.7 EC2 Container Serviceによる Docker 実行環境の構築

　EC2 Container Serviceを使うと、Dockerのクラスタ環境を短時間で構築できます。ここでは、EC2 Container Serviceを使ったDockerクラスタ環境構築の手順を説明します。

8.7.1　EC2 Container Serviceとは

　EC2 Container Service（**ECS**）とは、EC2を使ったDockerコンテナー管理サービスです。ECSの主な特徴は、以下のとおりです。

- **マネージドクラスタ**

    Dockerをマルチホスト環境で運用する時は、インフラ環境の構築に加え、クラスタ管理ツール／監視ツールの使い方やシステム運用や障害対応など、多岐に亘るインフラの知識が必要になります。一般的に、クラスタ環境の構築／運用は、技術的な難易度が高く、さらにこれらを本番環境で運用するにはある程度の経験を必要とします。

    ECSは、これらのインフラ技術をまとめて管理するサービスですので、インフラに関する深い知識や経験がなくても、クラスタ環境でのコンテナーを運用できます。そのため、プログラマでも、本来のアプリ開発をはじめ、Dockerイメージの作成／実行／テストなどに専念できます。

- **タスク定義による構成管理**

    ECSでは、JSON形式で書かれた**タスク定義**を使用して環境を定義できます。タスク定義では、以下の内容を定義します。

    - Dockerのリポジトリとイメージ
    - メモリやCPUなどのハードウェア要件
    - データボリュームのストレージ
    - コンテナー間リンクなど

- **スケジューリング機能**

    ECSは、CPUやメモリなどのリソースと可用性要件に基づいて、クラスタ全体にコンテナーを配置するスケジューラーを備えています。たとえば、実行時間の長いアプリやサービス／バッチジョブもスケジュールできます。

- **コンテナーの自動復旧と負荷分散**

    ECSは、コンテナーに障害が発生した時にも自動的に復旧します。そのため、アプリを実行するのに必要な数のコンテナーを常に確保できます。また、ECSでは、EC2の負荷分散機能であるElastic Load Balancing（**ELB**）を使って、トラフィックをコンテナー全体に分散できます。

- **アプリのデプロイ**

    タスク定義を新しいバージョンに更新してアップロードすると、更新されたイメージを使用して新しいコンテナーが自動的に開始されます。そして、古いバージョンを実行しているコンテナーは自動的に停止します。そのため、アプリのデプロイが容易になります。

- **コンテナーの監視**

    CloudWatchと連携して、CPUやメモリ使用の平均値と合計量を監視できます。コンテナーやクラスタのスケールを拡張または縮小する際に、CloudWatchアラームを設定して警告することも可能です。

- **Dockerリポジトリのサポート**

    Docker Hubだけでなく、任意のサードパーティ製またはプライベートのDockerレジストリをサポートしています。イメージは、タスク定義でリポジトリを指定します。

8.7.2　Dockerクラスタの構築

それでは、実際にECSを使って、Dockerのクラスタ環境を構築する手順を説明します。

ECSを使ううえで、知っておくべきAWS関連の用語は次のとおりです。

- **クラスタ（Cluster）**

    タスクを実行するためのコンテナーインスタンスの論理グループのことです。

- **コンテナーインスタンス（Container Instance）**

    Amazon ECSエージェントが稼働するEC2インスタンスで、クラスタに登録されているものです。複数のアベイラビリティゾーンにコンテナーインスタンスを起動して、障害耐性を高めることも可能です。

- **タスク定義（Task Definition）**

    CPU／メモリやコンテナー間のLinkなどを設定したコンテナーの定義です。複数のコンテナーを定義できます。1つのタスク定義内で定義されたコンテナーは、同一のコンテナーインスタンスで稼働します。

- **タスク（Task）**

    タスク定義を実体化したものです。

- **コンテナー（Container）**

    タスクにより生成されたDockerコンテナーのことです。

1 ECSの起動

AWSマネージメントコンソールにログインし、［コンピューティング］－［EC2 Container Service］を選択します。EC2 Container Serviceのサービス画面が表

示されたら、[Get started]ボタンをクリックします。

ECSの起動

2 タスク定義

次に、タスク定義を作成します。まず、Task definition name（タスク定義の名前）を指定します。ここでは、「web」という名前のタスク定義を作成します。次に、コンテナーを定義するため、[Add Container Definition]ボタンをクリックします。Container Definitionでは、次の項目を設定できます。

Container Definitionの設定値

設定項目	説明	今回の設定値
Task definition name（必須）	タスク定義の名前	docker-glassfish
Container name（必須）	コンテナーの名前	docker-glassfish
Image（必須）	Docker Hub 上のDockerイメージ（repository-url/image:tagと記述することで任意のレポジトリを使用可能）	asashiho/docker-glassfish:1.0
MaximumMemory（必須）	コンテナーに割り当てる最大メモリ（MiB）	300
Port Mappings	ホストとコンテナーのポートマッピングを指定	8080:8080/tcp 4848:4848/tcp

ここでは、表のように設定し、[Next step]ボタンをクリックします。

8.7 EC2 Container Service による Docker 実行環境の構築

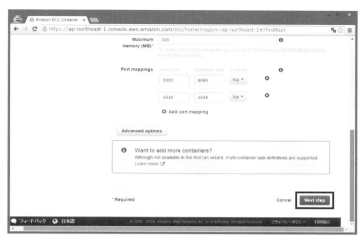

コンテナーの設定

3 スケジューリングの定義

次に、タスクをスケジューリングするためのサービスを準備します。

サービスの設定

サービスの定義は、次のとおりです。

サービスの定義

設定項目	説明	今回の設定値
Service name（必須）	サービス名	sample-docker
Desired number of tasks（必須）	実行したいタスクの数	2

379

4 負荷分散の定義

負荷分散のために、ELBを使用するかどうかを選択できます。

負荷分散の設定

今回は、ELBを使って負荷分散するため、次のように設定します。

負荷分散の設定

設定項目	説明	今回の設定値
Container name: host port	コンテナーのポート番号	docker-glassfish:8080
ELB listener protocol	ELBのプロトコル	HTTP
ELB listener port	負荷分散するポート番号	8080

5 IAMの設定

IAMの権限の設定で、[Service IAM role for service] 欄で「ecsServiceRole」を選択したら [Next Step] ボタンをクリックします。

IAMの定義

6 クラスタの定義

続いて、クラスタを設定します。

クラスタの設定

ECSでは、EC2を使ってDockerのクラスタ環境を作成するので、表のように設定します。

クラスタの設定

設定項目	説明	今回の設定値
Cluster name（必須）	クラスタ名	default
EC2 Instance Type（必須）	EC2のインスタンスタイプ	t2.micro
Number of Instances（必須）	EC2インスタンスの数	2
Key pair name（必須）	キーペアの名前	＜任意のキーペア名＞

次に、セキュリティグループとIAMロールの設定をします。任意の場所からアクセス可能にするため、①[Allowed ingress source]を「Anywhere (0.0.0.0/0)」とします。

ここで、ECSからEC2やELBなどのAWSのサービスを利用するために必要な権限を割り当てるIAMを指定します。②[Container instance IAM role]を[Create IAM Roles]にして、③[Review & launch]ボタンをクリックします。

第8章 Docker コンテナー実行環境の構築

セキュリティグループとIAMの設定

設定内容を確認します。設定に問題がなければ、[Launch Instance & Run Service]ボタンをクリックし、クラスタ環境を構築します。クラスタの構成には、数分～数十分の時間がかかります。

8.7.3 Dockerクラスタの運用

ECSを使ってDockerのクラスタを確認するには、[View service]ボタンをクリックします。構築したクラスタの詳細やステータスを確認できます。

クラスタの確認

▼

8.7 EC2 Container Service による Docker 実行環境の構築

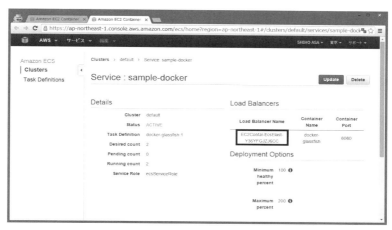

サービスの確認

GlassFishサーバーが動作しているかどうかを確認するには、[Load Balancer Name]のリンクをクリックしてください。ELBの画面に遷移するので、そこで接続先のDNS名を確認します。

GlassFishサーバーの確認

ブラウザーから次のURLにアクセスしてみましょう。クラスタ上で、Dockerコンテナー内のサンプルアプリが動作していることが確認できます。

```
http://<ELBのDNS名>:8080/DockerSample/
```

▼

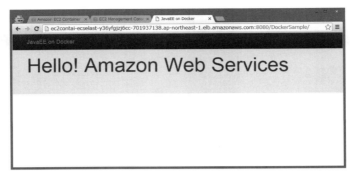

サンプルアプリの動作を確認

ECSのWebマネージメントコンソールで［Metrics］タブをクリックすると、CPUとメモリの利用状況がグラフで表示されます。

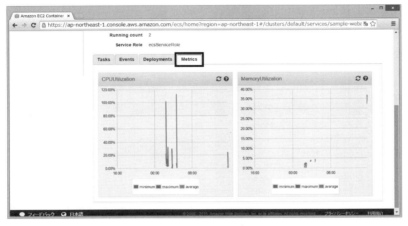

ECSのモニタリング

［Tasks］タブで実行中のタスクを手動で停止しても、タスク定義に定義されたとおりにECSがコンテナーを構成するため、すぐに別の新しいタスクが自動的に起動します。このように、ECSを使うと、高度な専門知識が不要で、クラスタ環境を構築できます。

INDEX 索引

■ 記号・数字

.NET ... 13, 49
.NET Framework ... 150
100BASE-T ... 203
3DES ... 267

■ A

A ... 61
ACL ... 204
Active Directory ... 14
ADD命令 ... 363
ADO ... 150
ADO.NET ... 150
Advanced Packaging Tool ... 94
AES ... 267
Amazon API Gateway ... 32
Amazon AppStream ... 32
Amazon Aurora ... 150
Amazon CloudSearch ... 32
Amazon CloudWatch ... 29
Amazon Cognito ... 31, 32
Amazon DynamoDB ... 27
Amazon EBS ... 26
Amazon EC2 ... 25, 76
Amazon EC2 Container Registry ... 25
Amazon EC2 Container Service ... 25
Amazon Elastic Block Store ... 77
Amazon Elastic Compute Cloud ... 76
Amazon Elastic File System ... 27
Amazon Elastic Transcoder ... 32
Amazon ElastiCache ... 27
Amazon Elasticsearch Service ... 30
Amazon EMR ... 31
Amazon Glacier ... 27
Amazon Inspector ... 30
Amazon Kinesis ... 31
Amazon Linux AMI ... 79
Amazon Machine Image ... 77
Amazon Machine Learning ... 31
Amazon Mobile Analytics ... 31
Amazon QuickSight ... 30
Amazon RDS ... 27
Amazon RDS for Aurora ... 150
Amazon Redshift ... 28
Amazon Relational Database Service ... 148
Amazon Route 53 ... 28, 118
Amazon S3 ... 26, 65
Amazon S3サービスマスターキー ... 300
Amazon SES ... 32
Amazon Simple Storage Service ... 65
Amazon SNS ... 32
Amazon SQS ... 32
Amazon SWF ... 32
Amazon Virtual Private Cloud ... 217
Amazon VPC ... 28, 217
Amazon Web Services ... 12
Amazon WorkDocs ... 33
Amazon WorkMail ... 33
Amazon WorkSpaces ... 33
Amazonマシンイメージ ... 79

385

索引

AMI 77, 79
Android 49
Apache Hadoop 17
Apache HTTP Server 76, 94, 131
Apache License 2.0 170
Apache Spark 17
Apache Tomcat 131, 170, 176
API Gateway 135
App Engine 16
App Store 52
Application Service 14
APT 94
Auto Scaling 26
Availability 262
AWS 12
AWS CLI 44, 48, 327
AWS CloudFormation 29
AWS CloudHSM 30
AWS CloudTrail 29
AWS CodeCommit 29
AWS CodeDeploy 29
AWS CodePipeline 29
AWS Config 29
AWS Data Pipeline 30
AWS Database Migration Service 27
AWS Device Farm 31
AWS Direct Connect 28
AWS Directory Service 30
AWS Elastic Beanstalk 25, 365
AWS Explorer 50
AWS Identity and Access Management 30
AWS Import／Export Snowball 27
AWS IoT 31
AWS Key Management Service 30
AWS Key Management Serviceマスターキー
.... 300
AWS Lambda 26, 135
AWS Mobile Hub 31
AWS Mobile SDK 31, 32
AWS OpsWorks 29
AWS SDK 327
AWS SDK for Android 49
AWS SDK for Java 49
AWS Service Catalog 29
AWS Storage Gateway 27
AWS Toolkit 140, 166
AWS Toolkit for Eclipse 25, 50, 137
AWS Toolkit for Visual Studio 50
AWS WAF 30
AWSアカウント 38, 47, 273
AWS簡易見積ツール 44
AWS管理ポリシー 287
AWSクラウドデザインパターン 33
AWSコマンドラインインターフェイス 48
AWS認証情報ファイル 147
AWSマネージメントコンソール 44, 327
AWS無料利用枠 44
AWSルートアカウント 273
AZ 37
Azure Batch 13

B

BigQuery 17
Bluemix Dedicated 16
Bluemix Local 16

C

C++ 49
Chef 29
CIDR 199
Classless Inter-Domain Routing 199
CLI 48
Cloud Bigtable 16
Cloud Dataflow 17
Cloud Dataproc 17
Cloud Endpoints 17
CloudFormation 326
CloudFormation Designer 326

CloudFront	123
Cloud Logging	17
Cloud Networking	17
Cloud SQL	16
Cloud Storage	16
CloudWatch	149, 316, 377
Cluster	377
CMD命令	363
CNAME	61
Compute Engine	16
Computing	13
Confidentiality	262
CONNECT	61
Connector/J	181
Container	377
Container Engine	16
CONTAINER ID	374
Container Instance	377
context.xml	185
credentials	147

D

DaaS	9
Data Service	13
Database Management System	132
DB Replicationパターン	35
DBスナップショット	338
DBMS	132
DELETE	61
DES	267
Desktop as a Service	9
DMZ	28
DNS	64, 118, 202
DNSサーバー	5, 60
DNSシステム	28
DNSラウンドロビン	308
Docker	25, 344
docker buildコマンド	359, 364
Docker Compose	352

Docker Engine	351
Dockerfile	358
Docker for Mac	353
Docker for Windows	353
Docker Hub	350, 365
docker imagesコマンド	372
Docker Kitematic	351
docker loginコマンド	367
Docker Machine	352, 371
docker psコマンド	374
docker pullコマンド	372
docker pushコマンド	367
Docker Registry	351
docker runコマンド	356, 372
Docker Swarm	352
Docker Toolbox	352
Dockerイメージ	25, 349, 350
Dockerコマンド	375
Dockerコンテナー	350
Dockerレジストリ	350
DOS攻撃	263
Dynamic Routing	205

E

Eメール	32
EBS	77
EC2	75
EC2 Container Service	369, 375
EC2インスタンス	78
Eclipse	25, 50, 137
Eclipse EGit	137
ECS	369, 375
Elastic Beanstalk	130, 134, 369
Elastic IP	113, 219
Elastic Load Balancer	105
Elastic Load Balancing	26, 376
ELB	33, 100, 105, 376
Entity Relationship Diagram	165
ENV命令	362

EPEL	94
ER図	165
ESS	18
Ethernet	202
EXPOSE命令	363

F

file	56
FIPS 140-2	272
Fluentd	316
FQDN	59
FreeBSD Jails	348
FROM命令	361
FTP	64
ftp	56
FTPS	64
Functional Firewallパターン	35
functional requirement	3

G

GCP	16
GET	61
Git	29
GlassFish	131, 136, 372
Go	49
Google Authenticator	276
Google Cloud Platform	16
Google Compute Engine	365
Google Play	52
GovCloud	37
GPUインスタンス	81

H

Hadoop	14, 31, 81
HEAD	61
HIPAA	272
HTTP	61, 64, 202
HTTPサーバー	5
HTTPステータスコード	63
HTTPリクエスト	131
HTTPレスポンス	131
httpd	94
HTTPS	63
Hyper-V	347
HyperText Transfer Protocol	61

I

IaaS	8
IAM	30, 143, 272
IAMユーザー	47
IAMアカウント	273
IAMグループ	290
IANA	64
IBM	15
ICANN	59
ICMP	202
ICMP監視	308
ICカード	265
ID	30
IDE	3, 136
IDEツールキット	49
Identity & Access Management	143, 272
IEEE802.11	203
IIS	131
Immutable Infrastructure	310
Inbound	206
Information Security Management System	270
Information Technology Infrastructure Library	304
Infrastructure as a Service	8
Infrastructure as Code	312
Integrity	262
Internet Assigned Numbers Authority	64
Internet Corporation for Assigned Names and Numbers	59
Internet of Things	15, 31

Internet Protocol version 4	58
Internet Protocol version 6	58
IOPS	151
iOS	49
IoT	15, 31
IP	202
IPアドレス	58, 197
IPv4	58, 197
IPv6	58
ISMS	270, 272
ISO	201
ISO27001	270, 272
ITAR	272
ITIL	304
ITIL V3	304

J

jarファイル	49
Java	49
Java EE	133, 136, 360
Java Naming and Directory Interface	188
Java Platform Enterprise Edition	360
Java Server Pages	170
java.sqlパッケージ	181
JavaScript	49
JBoss	132
JDBC	181
JDBCドライバー	180
Jenkins	348
JIS Q 27002	262
JNDI	184, 188
JP1	314
JSON	376
JSP	136, 170
JUnit	137

K

Kerberos	64

Kubernetes	348

L

L1	203
L2	203
L2スイッチ	203
L3	202
L3スイッチ	202, 205
L4	202
L5	202
L6	202
L7	202
Lambdaファンクション	135
LDAP	16, 64
Linux	48
Linuxサーバー	25

M

Mac	48
MACアドレス	196, 203
mailto	56
MAINTAINER命令	362
MariaDB	151
mBaaS	18
MFA	274
Microsoft Azure	12
Microsoft SharePoint	81
Microsoft SQL Server	150
Microsoft Windows Server	79
Mobile Apps	13
Mobile Backend as a Service	18
Multi-Serverパターン	33
MX	61
my.conf	155
MySQL	16, 132, 151
mysqlコマンド	167

N

NATサーバー ... 5
NetBeans ... 136
Network Service ... 14
Nginx ... 131
NIC ... 196
Node.js ... 49
non-functional requirement ... 3
NoSQL ... 16
NS ... 61
NTP ... 64

O

OATH TOTP ... 275
OLTP ... 151
on-premises ... 7
OPTION ... 61
Oracle Application Server ... 132
Oracle Database ... 132, 150
OS ... 4, 8
OSI基本参照モデル ... 197, 201, 204
OSコマンドインジェクション ... 263
Outbound ... 206

P

PaaS ... 9
PCI DSS レベル1 ... 272
PHP ... 49
Platform as a Service ... 9
Pleiades All in One ... 137, 139
POP3 ... 64
POP3S ... 64
POST ... 61
PostgreSQL ... 132, 151
Prediction API ... 17
private cloud ... 7
PTR ... 61

public cloud ... 7
PUT ... 61
Python ... 49

R

RDS ... 130, 134, 148
RDSサブネット ... 219
recovery point objective ... 22
recovery time objective ... 22
RedHat ... 79
Remi ... 94
RESTful ... 17
RESTful API ... 32
Route 53 ... 118
RPO ... 22
RSA ... 268
RSA暗号 ... 297
RTMP ... 126
RTO ... 22
Ruby ... 49
RUN命令 ... 362

S

S3 ... 65
SaaS ... 9
SAP ... 81
Scale Up パターン ... 34
SCP ... 97
SDK ... 44, 49
Secure Copy ... 97
Secure Copy Protocol ... 97
Service Level Agreement ... 305
Servlet ... 136, 170
Shared Responsibility Model ... 271
SI業務 ... 2
SLA ... 305
SMTP ... 5, 64, 202
SMTPS ... 64

SOA 61
SoftLayer 15
Software as a Service 9
Software Development Kit 44, 49
Solaris Containers 348
SPOF 309
SQL Server 13
SQLインジェクション 264
squid 204
SSD 151
SSH 97, 202, 241
ssh 64
SSH接続 176
Static Routing 204
STP/UTP 203
sudo 98
syslog 64
syslogd 316

T

tarファイル 349
Task 377
Task Definition 377
TCP 202
TCP/IP 58
telnet 56
TeraTerm 97, 176
Time-based One-Time Password 275
Tomcat JDBC Pool 189
TRACE 61
Translate API 17
Trusted Advisor 29

U

Ubuntu 79
UDP 202
Uniform Resource Locator 56
URL 56

V

VirtualBox 347, 353
VMWarePlayer 347
VPC 149, 220
VPN 149, 218
VPN接続 16

W

warファイル 182
Web Apps 13
Webアプリ 52, 53
Webアプリケーションサーバー 131, 207
Webサーバー 91
Webサイト 54
Webシステムアーキテクチャー 130
Webブラウザー 52
Webフロントサーバー 131
Web3層アーキテクチャー 130
WebSphere Application Serve 132
WHOIS 64
WildFly 132
Windows 13, 48
Windows Server 79
WordPress 328

X

XenServer 347

Y

Yellowdog Updater Modified 94
yum 94

Z

Zabbix 313

索引

■ あ

項目	ページ
アーカイブ	65
アーキテクチャ	20
アウトバウンド	210
アカウント管理	265
アカウント管理システム	30
アクセス権	145
アクセスコントロール	5, 30, 265
アクセスコントロールリスト	204
アクセス制限	35, 264
アクセス認証情報	146
アクセスユーザー	143
アドレス変換	5
アプリ	6
アプリケーションゲートウェイ型	204
アプリケーションサーバー	4, 5
アプリケーションサービス	14, 32
アプリケーション層	202
アベイラビリティーゾーン	12
アベイラビリティゾーン	35, 37, 150
アラーム	317
暗号化	266
暗号化アルゴリズム	266
暗号鍵	30, 266

■ い

項目	ページ
移植性	345
意図的脅威	263
イベンドドリブン型	26
インスタンス	25, 77
インスタンスタイプ	80
インターオペラビリティ	348
インターネットゲートウェイ	226
インデックスドキュメント	74
インバウンド	210
インフラアーキテクチャー	130
インフラアーキテクチャ設計	33
インフラの状態	310
インフラプロビジョニングツール	29

■ う

項目	ページ
ウェルノウンポート	64
運用管理機能	29

■ え

項目	ページ
永続データ	132, 315
エージェントレス	313
エッジサーバー	124
エッジロケーション	123
エラードキュメント	74
遠隔地保管	132
エンタープライズアプリケーション	32
エンティティ	165

■ お

項目	ページ
オートスケール機能	76
オブジェクト	66
オプショングループ	158
オンプレミス	7, 76
オンライン処理	313
オンラインストレージ	26
オンライントランザクション	151

■ か

項目	ページ
改ざん	266
下位層	202
階層別アクセス	35
開発者用ツール	29
課金管理	316, 341
拡張性	3
カスタマー管理ポリシー	287
カスタム AMI	101
カスタムメトリック	325
仮想MFAソフトウェア	274

仮想化技術 346
仮想化支援機能 353
仮想サーバー 13
仮想サーバー機能 26
仮想データベース 27
仮想ネットワーク 217, 220
仮想ルーター 205, 226
可用性 10, 20, 262
可用性管理 306
簡易見積もりツール 342
環境的脅威 263
環境変数 362
監査証跡 316
監視 377
監視サーバー 4
完全修飾ドメイン名 59
完全性 262
管理ツール 29

■き

キーペア 267, 295
機械学習 14, 17, 31
基幹業務システム 12, 19
機能要件 3
機密性 262
逆引き 61
キャパシティ管理 305
脅威 262
共通鍵暗号方式 267
共有責任モデル 271
共有ファイルストレージ 27

■く

偶発的脅威 263
クエリストリング 57
クライアント端末 9
クラウドシステム 6
クラウドファースト 11, 20

クラウドベンダー 9, 10
クラスタ 377
クラスタ管理 352
クラスタリング 132
グループウェア 5
グループウェアサーバー 5
グローバルIPアドレス 38, 219
クロスサイトスクリプティング 263

■け

継続的サービス改善 305
経路選択 204
ゲートウェイ 219
ゲストOS 346

■こ

公開鍵 267, 295
公開鍵暗号方式 267, 295
構成管理 309
構成管理ツール 326
構成情報 326
コールドスタンバイ 306
国際標準化機構 201
固定IPアドレス 114
コネクション 188
コネクションプーリング 188
コンテナー 345, 377
コンテナーインスタンス 377
コンテナー型仮想化 347
コンピューティング 13, 16
コンピューティング最適化 81

■さ

サーチ 57
サーバー 6, 8
サーバーサイドJava 133
サーバー冗長化 33

サーバーの増強	34
サーバーレスアーキテクチャー	135
サービス	6, 17
サービス移行	304
サービス運用	304
サービス監視	308
サービス設計	304
サービス戦略	304
サービスレベル管理	304
サーブレット	170
サーブレットコンテナー	170
災害対策	65
再起動	374
サイジング	77
削除	374
作成者情報	361
さくらのクラウド	17
サブネットグループ	158
サブネットマスク	199
参照実装	361

し

シークレットアクセスキー	144
時間同期方式	274
しきい値	313
磁気ストレージ	151
磁気テープ	27
システムインテグレーション業務	2
システム監視	312
システム管理者	269
システム基盤	3
システムダウン	77
自然災害対策	14
自動バックアップ	341
自動復旧	376
指紋	265
従量課金	43
上位層	202
障害対応	314
冗長化	14, 26, 306
情報系システム	19
情報セキュリティの3大要素	262
情報漏えい	262
静脈	265
ショートカット	47
シングルサインオン	14
人工知能	31
人的脅威	262
信頼性	3

す

スイッチ	196
スキーム	56
スケールアウト	101, 131
スケジューリング	379
スケジューリング機能	376
スタック	328
ステータスコード	62
ステートレス通信	63
ストリーミングデータ	14
ストリームデータ	17
ストレージ	6, 16
ストレージゲートウェイ	27
スナップショット	26, 335
スマートフォン	265

せ

脆弱性	263
生体認証	265
静的ルーティング	204
性能	3
正引き	60
セキュリティ	30, 262
セキュリティ監査	269
セキュリティ教育	268
セキュリティグループ	152, 206
セキュリティ事故	268

セキュリティパッチ 4
セキュリティポリシー 207, 265
セッション層 202
セッションハイジャック 264

■そ

増強 34
相互接続性 348
ソースコード管理ツール 365
ソフトウェア開発キット 49

■た

第1層 203
第2層 197, 203
第2レベルドメイン 59
第3層 202
第3レベルドメイン 59
第4層 202
第5層 202
第6層 202
第7層 202
大規模エンタープライズシステム 12
第三者認証 270
タイムスタンプ方式 274
タスク 377
タスク定義 376, 377, 378
多要素認証 265, 272, 274
単一障害点 309

■つ

ツイストペアケーブル 203

■て

ディザスタリカバリ 21, 38
ディザスタリカバリシステム 14
データ移行 27

データウェアハウス 28, 81
データ管理 315
データ検索 32
データサービス 13
データストレージ 26
データセンター 5, 12, 36
データ伝送用サーバー 5
データの破壊 264
データベースサーバー 5, 132, 207
データベース複製 35
データリンク層 197, 203
適合性評価制度 270
デザインパターン 33
テスト 32
デプロイ 9, 363, 376
電話認証 43

■と

統合運用管理ツール 313
統合開発環境 3, 136
統合監視サーバー 5
統合認証サーバー 5
盗聴 266
動的ルーティング 205
トークン 274
ドキュメントパス 57
トップレベルドメイン 59
ドメイン 118
ドメインネームシステム 118
ドメイン名 59
トラフィック 26, 77
トランザクションデータベース 81
トランスポート層 202

■な

名前解決 61
なりすまし 265

■ に

二重化 21
ニフティクラウド 17
認証 265
認証基盤 14

■ ね

ネイティブアプリ 54
ネームサーバー 60
ネットワーク 6, 8, 17
ネットワークアドレス 196, 198, 200
ネットワークインターフェイスコントローラ ...196
ネットワークインフォメーションセンター ...197
ネットワーク構成図 220
ネットワークサービス 14
ネットワーク障害 3
ネットワークセグメント 28
ネットワーク層 202
ネットワークプロトコル 201

■ の

ノード 196

■ は

バージョン管理ツール 29
バイオメトリックス認証 265
ハイパーバイザー 347
バケット 66
パケット 203
パケットフィルタ型 203
パスワード 57
パスワードポリシー 294
バックアップ 148, 334
バックアップサイト 21, 264
バックアップ媒体 264
パッケージ管理システム 94

■ ひ

バッチ 17
バッチ処理 81, 313
パフォーマンスチューニング ... 132, 148, 314
パブリッククラウド 7
パラメータグループ 155
汎用 81
汎用ストレージ 151

■ ひ

非機能要件 3
非構造化データ 19
非接続データセット 150
ビッグデータ 18, 65
非定型データ 19
非武装地帯 28
秘密鍵 144, 267, 295
平文 266

■ ふ

ファームウェア 347
ファイアーウォール 58, 203, 264
ファイル共有サービス 33
ファイルサーバー 26
フェールオーバー 160, 307
負荷分散 26, 308, 376
復号化 266
復号鍵 266
複製 35
プッシュ通知 32
プッシュ通知機能 18, 20
物理層 203
不変のインフラ 310
プライバシーマーク 270
プライベートクラウド 7
プライベートネットワーク 28, 217
プラグイン 137
プラットフォーム 10
フレームワーク 3

プレゼンテーション層 202
ブロードキャストアドレス 200
プロキシサーバー 5, 204
プロビジョンドIOPS 151, 160
分散データ処理 14
分析 30

へ

ベアメタルサーバー 15
ベースイメージ 350, 361
ヘルスチェック 108, 118, 307
変更管理 309

ほ

ポータビリティ 345
ポート 363
ポート監視 308
ポートスキャン 263
ポート番号 57
保守性 3
ホストOS 346
ホストアドレス 57, 198
ホスト型仮想化 346
ホットスタンバイ 307
ボトルネック 134, 314
保有 6
ホワイトリスト方式 209

ま

マグネティックストレージ 151
マネージドクラスタ 376
マネージドサービス 369
マルチAZ 149
マルチAZ構成 38

み

ミッションクリティカル 12
ミドルウェア 4, 9

め

メインフレーム 7
メールサーバー 5
メトリック 317
メモリ最適化 81

も

目標復旧時間 22
文字コード 155
モバイルアプリ 32
モバイルサービス 31
モバイルファースト 20

や

夜間バッチ 5

ゆ

ユーザー認証 5, 30

よ

予約ポート 64

ら

ライブラリ 9
ラウンドロビン 309
ランレベル 96

■ り

リアルタイムストリーミングデータ 31
リージョン 14, 24, 36
リカバリポイント目標 22
リクエスト 55
リスク 262
リストア 148, 334
リバースプロキシサーバー 5
リファレンスインプリメンテーション 361
リファレンス実装 361
リポジトリ 94
リモートワーク 33
リレーショナルデータベース 150
リレーショナルデータベースエンジン 149
リレーションシップ 165

■ る

ルーター 196, 204
ルーティングテーブル 203
ルートサーバー 60
ルートドメイン 60

■ れ

レイヤー 1 203
レイヤー 2 203
レイヤー 3 202
レイヤー 4 202
レイヤー 5 202
レイヤー 6 202
レイヤー 7 202
レジストラ 59, 118
レスポンス 55
レプリカ 35

■ ろ

ロードバランサー 106, 235, 309

ログ監視 317

■ わ

ワンタイムパスワード 274

■著者紹介

阿佐 志保（あさ しほ）

WINGSプロジェクト所属のテクニカルライター。金融系シンクタンクなどでインフラ設計／構築業務を行っていました。結婚／出産を機に、長きにわたり主婦業に専念していましたが、ひょんなことから「人とロボットの共生」した10年先の未来の世界を創り出したい！と思いはじめました。「楽をするためには、どんな努力も惜しまない」がモットーで、ロボットが代わりに働いてくれる未来を作れたら、ずっと遊んでいられる。そう思ったからです。手芸、ビーズアクセ、フラワーアレンジ、革細工、洋裁、消しゴムはんこ、電子工作……など「ものづくり」が大好き、よく秋葉原、日暮里、浅草橋、蔵前あたりを散策しています。

主な著書に「プログラマのためのDocker教科書 インフラの基礎知識＆コードによる環境構築の自動化」（翔泳社）、「Windows 8開発ポケットリファレンス」（技術評論社。共著）。

■監修者紹介

山田 祥寛（やまだ よしひろ）

静岡県榛原町生まれ。一橋大学経済学部卒業後、NECにてシステム企画業務に携わるが、2003年4月に念願かなってフリーライターに転身。Microsoft MVP － Visual Studio and Development Technologies。執筆コミュニティ「WINGSプロジェクト」の代表でもある。

主な著書に「10日でおぼえる入門教室シリーズ（SQL Server・ASP.NET・JSP/サーブレット・PHP・XML）」「独習シリーズ（サーバサイドJava・PHP・ASP.NET）」（以上、翔泳社）、「AngularJSアプリケーションプログラミング」「Ruby on Rails 4アプリケーションプログラミング」「JavaScript本格入門」（以上、技術評論社）、「ASP.NET MVC 5実践プログラミング」「はじめてのAndroidアプリ開発 Android 4対応版」（以上、秀和システム）、「基礎Perl」（以上、インプレス）、「書き込み式SQLのドリル」（ソシム）など。また、＠IT（.NET、Windows）、CodeZineなどのサイトにて連載、「日経ソフトウェア」（日経BP社）などでも記事を執筆中。最近ではIT関連技術の取材、講演までを広く手がける毎日である。最近の活動内容は著者サイト（http://www.wings.msn.to/）にて。

装丁	轟木亜紀子(株式会社トップスタジオ)
本文デザイン・DTP	株式会社 トップスタジオ

Amazon Web Servicesではじめる
新米プログラマのためのクラウド超入門

2016年 6月16日 初版第1刷発行
2018年11月20日 初版第5刷発行

著　　者	WINGSプロジェクト 阿佐 志保（あさ しほ）
監　　修	山田 祥寛（やまだ よしひろ）
発 行 人	佐々木 幹夫
発 行 所	株式会社 翔泳社（https://www.shoeisha.co.jp）
印刷・製本	株式会社シナノ

© 2016 WINGS Project

本書は著作権法上の保護を受けています。本書の一部または全部について（ソフトウェアおよびプログラムを含む）、株式会社 翔泳社から文書による許諾を得ずに、いかなる方法においても無断で複写、複製することは禁じられています。

本書へのお問い合わせについては、ⅱページをご覧ください。

造本には細心の注意を払っておりますが、万一、乱丁（ページの順序違い）や落丁（ページの抜け）がございましたら、お取り替えします。03-5362-3705までご連絡ください。

ISBN978-4-7981-4469-6　　　　　　　　　　　　　Printed in Japan